U0171409

工程地质分析评价理论方法

Theory and Methods of Analysis and Evaluation on Engineering Geology

李广诚　宋文搏　著

科学出版社

北　京

内 容 简 介

本书系统阐述了工程地质理论体系与工程地质耦合理论的基本思想，提出了工程地质复杂程度的划分方法和工程地质勘察准确度的定量分级方法，论述了工程地质分析评价的层序、工程地质分析评价的各种方法以及工程地质决策的基本方法。同时，也指出了工程地质学研究目前存在的问题及未来的发展方向。

本书对工程地质技术人员的实际工作具有一定的借鉴意义，为工程地质科研人员提供了一些新的研究思路，对推动工程地质行业的发展有着促进作用。

图书在版编目(CIP)数据

工程地质分析评价理论方法 / 李广诚，宋文搏著. —北京：科学出版社，2022. 6

ISBN 978-7-03-072275-1

Ⅰ. ①工… Ⅱ. ①李… ②宋… Ⅲ. ①工程地质-研究 Ⅳ. ①P642

中国版本图书馆 CIP 数据核字（2022）第 081406 号

责任编辑：韦 沁 陈娇娇 / 责任校对：何艳萍

责任印制：吴兆东 / 封面设计：北京图阅盛世

科学出版社 出版

北京东黄城根北街 16 号

邮政编码：100717

http://www.sciencep.com

北京中科印刷有限公司 印刷

科学出版社发行 各地新华书店经销

*

2022 年 6 月第 一 版 开本：787×1092 1/16

2022 年 6 月第一次印刷 印张：10 3/4

字数：255 000

定价：118.00 元

（如有印装质量问题，我社负责调换）

第一作者简介

李广诚，男，汉族，1961 年 6 月生，北京怀柔人，博士，教授级高级工程师、高级经济师、注册岩土工程师、注册土木（水利）工程师。国际工程地质与环境学会会员。曾任电力工业部北京勘测设计研究院副总工程师、水利部水利水电规划设计总院勘测处处长，以及中国地质学会工程地质专业委员会副主任委员，中国水利学会勘测专业委员会副主任委员，中国地质大学（北京）、华北水利水电学院、中国矿业大学研究生院兼职教授，博士生导师等。主持了北京十三陵抽水蓄能电站、陕西汉江旬阳水电站、西藏那曲河查龙水电站等多项大型水电工程的工程地质勘察工作。主持或参加了南水北调东中西线工程、三峡水利枢纽、山西万家寨水利枢纽、河南小浪底水利枢纽、广西百色水利枢纽、四川紫坪铺水利枢纽、内蒙古尼尔基水利枢纽、湖北水布垭等数十个大型项目的审查、咨询与研究工作。著有《工程地质决策概论》《中国堤防工程地质》《堤防工程地质勘察与评价》《抽水蓄能电站工程地质问题分析研究》《南水北调工程地质研究》《安固如磐——工程地质章回谈》等著作。参加《中国工程地质世纪成就》和《岩土工程试验监测手册》等编写工作。有诗文集《人生当歌》出版。主持或参加多项水利水电工程勘察规范的编写工作。国内外发表论文多篇。主要研究方向为工程地质系统与工程地质决策问题，提出了工程地质耦合理论。1991 年获北京市总工会“建功立业标兵”称号。其主持的“陕西渭河咸阳城区段综合治理工程”获中国工程咨询协会优秀工程咨询成果奖一等奖。参与咨询的“右江百色水力枢纽工程”获 2017 ~ 2018 年中国水利工程优质（大禹）奖。

序

2021年春节刚过，广诚来我家拜年，交给了我一本《工程地质分析评价理论方法》书稿，并邀我写序。我将此书翻阅了一下，对书中的内容感到震撼。

这是一本高屋建瓴之书。该书作者长期在工程地质一线工作，并以地质总工程师的身份亲自主持过多项大型水利水电工程的勘察工作。特别是从2000年开始，作者调入水利部水利水电规划设计总院——中国水利行业最权威的技术单位，从而能有机会参加中国那些著名的水利水电工程勘察设计的审查、咨询、评估等工作，如南水北调、三峡水利枢纽、小浪底水利枢纽等。因而该书的视角也就不同于一般意义上勘察报告的编写或对某一地质问题的研究，而是站在了较高的位置上看待工程地质问题，研究工程地质问题，从而对工程地质问题的研究有了更高的视角，研究的问题也具有全局性、战略性。

这是一本探索与创新之书。该书所论述的内容在工程地质领域浩如烟海的著作中几乎是鲜有涉及的，诸如工程地质的理论体系，工程地质耦合理论、工程地质复杂程度分级，勘察精度与准确度的定量化，以及分析评价程序、分析评价方法和决策方法等。书中提及的许多概念、理论、方法也都是作者首次提出。这些问题的研究都具有探索性质，同时也具有极强的创新性。

这是一本论述理论方法之书。工程地质的研究以其实践性为特征，目前的研究用以解决实际问题较为常见。该书未对解决具体工程地质问题做阐述，而是论述工程地质有关的理论与方法。宛如医疗，以往多侧重如何医治某一具体病例，而该书则是侧重论述治病的步骤方法。这是一本纯理论著作，作者能从工程地质实践中提炼出如此多的理论性的东西是难能可贵的。这需要作者不仅要有丰富的实践经验，也要具有极强的理论功底。

这是一本启迪之书。该书所论及的内容不一定完美，有些也可能仅仅是提出了解决某一问题的思路。但是通过该书所论及的问题或方法，可以给我们以启发，启发我们研究新的问题，探索工程地质新的领域。

这也将是一本充满“争议”之书。由于书中内容的探索性、创新性，论及的很多问题或理论方法是值得商榷的。读者对书中的观点可能会有不同的看法或意见，甚至因此产生争论。但是“提出问题就是解决问题的一半”，在学术界来说，能够引起争论是好事，人类科学技术就是在争论中进步的。

这也许是一本未来之书。该书侧重理论方法的研究，并试图将许多过去定性的东西定量化，如工程地质复杂程度分级、勘察精度的定量化、勘察准确度、分析评价方法、决策方法等。随着计算机技术的普及，应该说工程地质学未来的发展方向也一定是向着定量化、数字化方向发展。由于工程地质的复杂性，也许我们今天尚不能实现这一目标，但未来是一定能实现的。而该书可能就是指引实现这一目标的先驱，可以为明天的研究引路或做铺垫。

这也是一本未完之书。书中的许多观点、方法只是开了头，未做深入的阐述。需待日后有兴趣、有能力的人在该书的基础上继续研究下去。也许该书的完善会使工程地质学的研究登上一个新的台阶。

以上，是粗读此书后的一些想法。权且为序。

中国科学院地质研究所原所长
国际工程地质与环境学会原理事长　王思敬
中国工程院院士

2021年4月于北京

前　言

本书内容系作者从事工程地质工作40年来的研究成果和一些初步思路的汇总。

所谓研究成果，包括作者攻读博士学位期间所做的工程地质决策方面的研究（李广诚，1999）、工作中关于工程地质理论体系、工程地质分析评价方法以及工程地质耦合理论的研究。这些内容曾在有关学术刊物或在已出版的学术著作中发表，这部分内容研究得相对深入、完整。

所谓初步思路，是作者在实际工作中偶然出现的一些想法、一些思考、一些思路，有些也做了简单的、初步的研究。这些内容包括工程地质人员的作用、工程地质复杂程度分级、工程地质勘察准确度、工程地质评价层序、工程地质未来的发展方向等，这些内容是现场工作的工程地质技术人员时时面对的，但至今却很少有人对其做过深入思考，更不用说进行深入系统的研究。因为作者对这些问题的研究也不够深入、系统，所以其成果也就有些支离破碎，缺乏系统性和完整性，甚至有些内容可能是不正确的。实际上，在本书成书过程中，为了保证本书不过于凌乱，作者对一些过于琐碎的内容（有些只是提纲或几行随意的笔记）予以了删除。

撰写本书的目的是给工程地质技术人员的实际工作提供一些理论方法，更重要的是为工程地质科研人员提供了一些新的研究思路。本书的出版对推动工程地质学的深入研究，特别是对今后工程地质勘察数字化的研究可能会起到一定的促进作用，从而对工程地质行业的发展有所推动。

本书共分九章：

第1章为工程地质人员在工程建设中的作用。本章首先论述了工程勘察在工程建设中的作用，阐述了工程地质人员的工作内容、技术水平与工作方法，提出了目前工程地质勘察工作中所存在的问题，介绍了国外工程地质人员技术工作方法，最后提出了培养造就新一代的工程地质专家的道路。

第2章为工程地质学理论体系。本章论述了工程地质理论问题研究的必要性、工程地质理论问题研究现状、工程地质学研究内容及其与其他学科的关系、工程地质学的科学技术观，建立了工程地质学的理论体系。

第3章为工程地质耦合理论。本章阐述了工程地质耦合理论的基本思想、耦合理论的图示模型和数学模型、耦合理论的应用步骤及其循环和耦合理论的决策准则，提出了耦合度的概念及其计算方法，并做了耦合风险性分析。最后从耦合理论出发对汶川地震后的水库震损情况、城镇选址情况、公路选线及边坡处理、房屋选址及房屋结构形式以及唐家山堰塞坝的处理等进行了反思。

第4章为工程地质复杂程度分级。本章首先提出了工程地质复杂程度划分的几个概念，提出了复杂程度各评价项目指标的计算方法以及各评价项目指标评分。

第5章为工程地质勘察准确度。本章提出了工程地质勘察准确度的概念，论述了各种勘察方法的准确度，给出了地质体勘察准确度计算与评价方法，提出了勘察准确度分级及不同勘察设计阶段对准确度的要求等。

第 6 章为工程地质评价层序。本章从时间、空间和规模三个方面阐述了工程地质评价中的层序，建立了工程地质评价中的时间和空间模型，并以北京十三陵抽水蓄能电站地下厂房位置选择为例，论述了该工程各个勘察设计阶段的评价层序。

第 7 章为工程地质分析评价方法。本章首先简述了工程地质评价的基本原则、评价对象、评价内容和评价结果，提出了工程地质分析评价的几种基本方法和工程地质综合评价方法。提出了几种典型工程地质条件的评价方法，包括区域构造稳定性评价、坝基岩体质量评价、库岸稳定性评价、洞室围岩稳定性评价、岩溶渗漏评价、岩质高边坡稳定性评价、城市建设工程地质评价、工业建筑工程地质评价和环境工程地质评价。

第 8 章为工程地质决策方法。本章首先提出了工程地质决策的概念，建立了决策模型。提出了工程地质决策中常用的五种方法，即经验判断法、工程类比法、优劣对比法、决策分析法和综合决策法。提出了工程地质问题的决策程序。

第 9 章为工程地质学未来发展方向及待研究的问题。本章指出工程地质学未来发展方向是特殊工程地质问题的研究和定量化与智能化，指出工程地质评价研究目前存在的问题主要有系统性问题、基础性问题、层次性问题、目的性问题、可操作性问题、分散性问题和统一性与规范性问题等，同时指出了耦合理论下一步应研究的问题。

本书的合作者宋文搏先生，是陕西省水利电力勘测设计研究院勘察分院院长、总工程师，教授级高级工程师。宋总从事水利水电勘察工作近 30 年，具有丰富的实际工程经验，且善于钻研，思路清晰。我们曾在四川龙塘水库、渭河咸阳湖治理工程、陕西引汉济渭工程以及陕西泾河东庄水库等多个大型水利水电项目的勘察或咨询工作中合作。本书中他参加了第 1 章、第 6 章、第 7 章、第 9 章的撰写，对其他章节也做了修改或提出了许多建设性的意见。宋总的工作为保证本书的水平和质量做出了重大贡献。

本书的出版得到了水利部水利水电规划设计总院沈凤生院长的极大关心，陕西省水利电力勘测设计研究院给予了大力支持。在此一并致谢！

目　　录

Contents

第1章 工程地质人员在工程建设中的作用

1.1 工程勘察在工程建设中的作用

任何土木工程建设，都要先有工程设计，而在工程设计之前，都要进行工程勘察。工程勘察是工程设计的基础，是工程安全运行的重要保证，也是使工程造价经济合理的必要支撑。

工程地质勘察包括传统的工程地质测绘、钻探、洞探、坑槽探、地球物理勘探、化学勘探等，也包括现代的航测技术、卫星图片等。

勘察结果的综合分析及对建筑物所在的工程地质体的评价，是由工程地质技术人员完成。工程地质技术人员对各种勘察资料进行分析整理，去粗取精、去伪存真，从而得出一个最接近实际情况的结论，并将这一结论（工程地质条件和工程地质问题）提交给工程设计人员。工程设计人员再利用地质人员提供的地形、地质等条件做工程布置，利用地质人员提供的有关参数，做建筑物的稳定计算，从而做出一个安全稳定、经济合理的建筑物设计。

工程勘察水平的高低，影响着工程地质技术人员对工程地质体评价的分析判断。工程勘察水平越高，工程地质人员对地质体的分析评价越接近实际情况，结论越正确；反之，工程勘察水平越低或勘察工作做得越少，工程地质人员的分析评价结论与实际情况偏差越大。

1.2 工程地质人员的工作方法

工程地质技术人员的工作方法是由已知推测未知。自然界中的地质体千变万化，错综复杂，要完全搞清某一地质体的性状特征或其工程地质条件是困难的，甚至有人提出不确定理论或不可知理论。我们所面对的地质体永远具有无穷未知的东西。但对实际工程来说，这种未知常常不是因为地质体的复杂，而是因为我们不能掌握足够的信息，如通过勘察获得资料。作为一名地质人员来说，就是根据有限的勘察资料，进行分析判断，从而对某一地质体进行分析判断和预测，并进一步提出各种工程地质问题的处理方法。即工程地质技术人员按如下的步骤开展工作：

根据有限的资料→分析→判断→评价→预测→处理

在这个步骤中，有两个重要的方面。

第一方面：由已知推未知，已知是多少？

已知的信息来自勘探工作。勘探工作包含勘探数量、勘探手段和勘探布置几个因素。

勘探数量越多，获得的地质信息越多。反之勘探数量越少，获得的地质信息越少。这具有密切的相关性，但并不是线性相关。也就是说并不是勘探工作做得越多越好，但在实际工作中保证一定的勘探工作量是必需的。

勘探手段的选择及其适用性对于获得不同的地质信息至关重要，要获得不同的地质信息就要采用不同的勘探手段。

勘探工作布置对提高勘探效率至关重要。对于某一勘探手段和一定的勘探工作量，正确合理的勘探布置可以获得更多更有用的地质信息。

第二方面：由已知推未知，推测的方法如何？

面对通过勘探所取得的资料，不同的地质工作者可以做出不同的推测，给出不同的分析评价结果，其中工程地质人员的技术水平起着很大的作用。可以说，工程地质技术人员是工程勘察工作的灵魂，他的结论是工程设计的基础，是影响工程造价的重要因素，是建筑物安全稳定的重要保障。

因此，提高工程勘察质量和工程地质人员的技术水平就显得尤为重要。

1.3　工程地质人员的技术水平

勘探工作所获得的原始资料包含多种信息，这些信息有些是直接的，有些是间接的；有些是显见的，有些是隐含的。不同地质人员面对这些原始资料也是不同的，水平越高的人从中获得的信息越多，而且可以由此及彼，举一反三，从而给出正确的分析判断。另外，高水平的工程地质技术人员在勘察资料较少的情况下，也可以给出接近实际情况的正确结论，而低水平的人即使拥有较多的勘察资料也不一定能给出正确的结论。其中除去个人分析问题解决问题的能力不同，经验也起着相当重要的作用。

工程地质技术人员专业水平的高低就是其面对取得的地质资料分析评价水平的高低，这种高低主要体现在对地质体性状特征，如地质条件推测的准确度如何。水平高的人给出的结论更接近地质体的实际情况，水平低的人给出的结论可能就会出现较大的偏差甚至是错误的。

工程地质水平的提高需要掌握扎实的理论基础，需要经历长期的工程实践从而积累丰富的工程经验，需要具有刻苦的钻研精神和钻研能力，也需要不怕吃苦、兢兢业业的敬业精神。工程地质水平的提高和这种能力的培养需要每一个工程地质技术人员终生去学习、“修炼”。

1.4　工程地质人员的工作内容

1.4.1　目前工程地质工作所存在的问题

在工程地质勘察工作中，目前存在一些问题，如表 1.1 所示。

表 1.1　目前工程地质工作所存在的问题及其改进目标

工作内容	完成人员	目前状况及存在问题	改进目标
制图	地质人员	(1) 二维地质图已做，三维制图及其分析较少； (2) 二维图件难于表达三维空间； (3) 用二维图件表达三维空间问题，制图工作量大； (4) 设计人员对地质资料理解不透	(1) 建立三维地质模型； (2) 绘制三维地质图； (3) 测绘-地质-设计-施工一体化
参数	地质人员	目前室内外试验，简单类比	(1) 增加统计的内容； (2) 在大数据库基础上的类比、统计、分析
数值分析计算	设计人员、地质人员	(1) 地质模型概化不合理； (2) 地质参数选取不合理	地质为主，设计配合
工程地质勘察报告	地质人员	(1) 论述多，分析少； (2) 不便于设计人员理解使用	内容更丰富，更便于设计人员使用
岩土工程设计	设计人员	与工程地质条件有较大脱离，不经济、不安全	逐步改为由地质人员完成

1.4.2　地质人员研究内容分类

在以往的工程地质学和工程地质问题的研究中，从事不同工作的工程地质专业人员在工程地质领域中所学习及研究的问题是有区别的。

大专院校在完成教学的基础上，更侧重于基本理论、基本方法、主要技术的研究，研究普遍性的问题，他们理论水平较高，但他们与实际工程的接触程度与勘察设计单位不可比拟。

科研院所研究人员主要从事工程地质分析方法和某些专门工程地质问题研究，他们的科研能力强，并在数学力学分析方法及计算机应用方面做了较多工作。与实际工程的接触程度也相对勘察设计单位较少。

而从事实际工程的勘测设计单位的工程技术人员主要进行专门工程地质问题研究，侧重于某一具体工程地质条件的勘察及某一工程地质问题的解决。他们的工程经验丰富，解决实际工程地质问题的能力强，但他们的理论水平和计算机应用水平相对较弱。

1.4.3　勘察设计单位工程地质人员目前的技术工作内容

我国目前工程地质人员的技术工作内容在形式上以图纸和报告为主，在性质上以定性为主。工程地质勘察报告一般包括地形地貌、地层岩性、地质构造、物理地质现象、水文地质条件、岩土物理力学指标、建筑物工程地质条件（重复或细化上述各项）、工程地质分析评价（定性）等。

工程地质人员的技术职责是依据已有的规程、规范进行工程地质勘察工作，然后对工程所在的地质体做出定性和定量的工程地质评价，分析评价工程所存在的主要工程地质问题，提交工程地质勘察报告。

工程地质人员今后应做的技术工作内容不仅仅包括定性分析，也应逐步在半定量、定量分析上下功夫，使工程地质勘察上水平、上档次。也应加强工程地质分析评价与决策方面的能力，加强工程地质风险性分析。

勘测目标的实现最终要落实到附有岩土设计参数的“三维地质（含水文地质）模型”。工程地质勘测的对象是复杂地质体系统，地质模型既非一开始就是毫无根据的黑箱模型，也不可能通过勘察成为所有细节都清楚的白箱模型，人们最需要而又能够实现的是灰箱模型。因此，根据工程地质模型，结合足够的工程经验，可以分析评价地质体系统可能存在的主要工程地质问题，满足工程设计的根本需要。

1.5 国外工程地质人员技术工作方法

西方国家工程地质人员的技术与职责与我国有较大的区别。他们的工作不仅仅包括我们日常所担负的地质勘探、工程地质测绘、编制工程地质报告及其附图等内容，还包括数值分析计算、检测，甚至包括设计的一些内容。他们的工作不仅仅是定性的概念，也有许多定量的东西，他们给设计人员提供了更加丰富可靠的地质资料，与工程设计结合得更加紧密，使设计更加趋于合理。国外工程地质人员实际上是岩土工程师的概念。

奥地利及瑞士勘测阶段的划分与中国相似，要求与设计阶段相一致，一般分为可行性研究、初步设计、详细设计等阶段。根据具体情况，如工程项目、工程设计要求、地质条件、施工方法等不同，结合勘测设计单位多年积累的工程经验，针对不同工程地质（含水文地质）问题安排地质勘测工作，并无规范强制要求必须完成多少工作量。这一点与国内规范明确规定各阶段勘测控制工作量及深度、精度明显不同，勘测思路存在较大差异①。

勘测策划的首要环节是确定工程地质勘测的目标，包括各类岩土的分布、三维地质（含水文地质）模型、岩土物理力学性质、建立岩土工程模型、提供岩土设计参数等。

上述目标通过分步实现，即前期各勘测阶段采用不同的勘测方法，建立不同精度的地质模型。

可行性研究阶段：通过文献分析及航片解译等室内研究，编制地质（含水文地质）图件，获得初始地质模型。

初步设计阶段：通过露头研究，配合采用坑、槽、井探等方法进行勘察，提交中间地质报告，并获得中间地质模型。

详细设计阶段：进行全面勘察，包括地球物理勘探、钻探、洞探、井探、取样、原位测试、室内试验等，提交最终地质与岩土工程报告和最终地质模型。

地质模型具有初始—中间—最终的过程，是随勘察深度加深而不断利用勘探、试验资料反馈修正的过程。反映出勘探、试验等手段是用来验证与修正地质分析（模型）的，而不是靠勘探、试验等手段去查明地质模型。需要集中力量“查明”的是根据地质模型分析出的可能产生重大工程地质问题的局部地段。例如，圣哥达铁路隧洞用了总勘察费（2亿瑞士法朗）的大部分（1亿多瑞士法朗），打了一条长达5km的勘探平硐和五个深达

---

① 水利部深埋长隧洞工程地质勘察方法考察团，2004.4，奥地利、瑞士考察报告。

1750m的定向钻孔，有效地解决了风化砂状白云岩及其承压水对隧洞的影响问题①。一般洞段地质模型的建立主要靠地质测绘、轻型勘探及卓有成效的地质分析。而实现卓有成效的地质分析的前提是勘测设计单位拥有足够的工程经验。

西方地质工程师除了熟悉各类岩土的分布、三维地质（含水文地质）模型、岩土物理力学性质外，还能通过建立岩土工程模型进行有关问题的分析计算，如用三维有限元计算应力分布、FLAC程序计算变形等。其工程概念非常清楚，对工程地质问题的分析与评价令人信服。

因各国经济体制不同，勘察阶段的划分和不同阶段的勘探工作也有所区别。欧美国家的地质勘察工作在前期所做的勘察工作都相对较少，而侧重于在施工阶段根据揭露出的问题随时进行处理。日本的地质勘察工作一般是在建筑场地系统布置勘探点，然后将勘察结果做统计评价。

与国外工程地质人员相比，虽说我国的地质工作有许多长处，如工作比较细致、系统，前期工作做得比较多，但是还存在很多不足。我国的工程地质技术人员，应该努力在工程地质定量评价、数值分析与设计配合等方面进一步开拓。这样不仅可以提高我们的勘察水平、设计水平，也有助于提高工程地质人员在设计中的地位。

1.6 培养造就新一代的工程地质专家

1.6.1 工程地质专业人才的成长之路

要成为一名优秀的工程地质技术人员并非易事。一名成功的工程地质技术人员在体力和智力两个方面都需要较高的素质。

就体力来说，没有健康的身体就很难适应艰苦的野外生活，很难跋山涉水、钻洞下井去取得第一手资料，也很难进行长期的工程经验的积累。几乎可以这样说，每一位工程地质大家都有着健康强壮的体魄。

就智力来说，工程地质人员不仅需要广博的知识，良好的知识结构，更需要极强的逻辑思维能力和空间思维能力。

在具备上述两个基本素质之后，再加上对工程地质这一行业的热爱及几十年如一日的刻苦钻研，才能成长为一名优秀的地质工作者。

一般来说，一个从事工程地质行业的技术人员，不管是大学毕业，还是硕士、博士毕业，都要有10年以上的实际工作经验，才有资格有能力成为一名优秀的地质工作者。

近年来，随着中国经济的发展，中国大规模的工程建设为工程地质工作者提供了广阔的空间，在这一广阔天地里，每一位有志于此行业者都可以大有作为。

① 水利部深埋长隧洞工程地质勘察方法考察团，2004.4，奥地利、瑞士考察报告。

1.6.2　地质人员是自然条件与工程建筑间的纽带

工程建筑是在岩土介质中人工修建一个建筑物，是要适应或利用不同特性的地质体作为建筑物地基，在其上修建建筑物。因此，不了解地质体的特性，就很难保证上部建筑物的安全稳定和经济合理，同时，不了解上部建筑物的规模、结构及其对基础的要求，对下部地质体的评价也就失去了目标和方向。因此，在 20 世纪 80 年代，两院院士潘家铮就曾就水利水电工程建设提出了培养一批地质-水利工程专家，这无疑是一个明智之举。

地质人员最了解地质体的相关属性——地质条件，地质人员是联系自然条件与工程建筑的纽带。在未来应该扩展工程地质人员的技术工作内容，向岩土工程方向发展，地面以下的工程设计应该交由工程地质人员完成。

第2章　工程地质学理论体系

2.1　工程地质理论问题研究的必要性

工程地质学作为一门独立的学科已有70年的历史。但是这一学科长期以来一直是以解决实际问题为目的。由于这一学科的实用性较强，人们总是侧重于研究解决工程中出现的某些具体问题，而缺少对这一学科做理论上的系统的探讨。虽然目前对这一学科的某一方面或某一问题已经有了非常深入的研究，或在其某一分支学科中提出了相应的理论，但就工程地质学本身而言，一直没有一个完整的理论体系。

工程地质学是一门应用性极强的学科，它以解决实际工程地质问题为目的，但是如果长期没有一套完整的理论体系做指导，其在应用过程中必然会出现这样或那样的问题。在理论上，将造成基本概念和理论体系的混乱；在实际工作中，轻者将造成工程决策失误，出现工程造价不合理、工程运行不安全等问题，重者可能引发工程事故。

一个完整的学科都应该有自己的理论体系。这个体系一般包括三个方面：理论体系、方法体系和技术体系。工程地质学与许多应用科学一样，是一门应用性的科学，尤其与医学有许多相似之处，只不过它们研究的对象不同罢了。曾经有人否定工程地质学的科学性，他们认为工程地质学只要凭实际工程经验就可以解决一切问题了。但是，长期的工程实践告诉我们，工程地质工作仅仅凭着简单的实际经验的积累是不够的，它方方面面的工作都是在一定的理论指导下完成的，这些理论包括岩土特性的成因理论、区域地质演化与稳定理论、岩土结构理论、岩土变形破坏理论等。但是由于工程地质学相对年轻，人们研究的领域各不相同，所以目前还没有将这些理论统一化、系统化，人们对工程地质学的理论或处于朦胧的状态，或执某一家之言。从人类科学发展的历史上看，数学、物理学等一些经典学科在过去都曾经历过这样一个阶段。而今天，在工程地质飞速发展的情况下，实际工程地质工作已经在呼唤有一套完整的工程地质理论体系出现，以此来指导工程建设中的实际工作。

2.2　工程地质理论问题研究现状

工程地质学是研究与工程有关的地质问题的科学，是介于工程学与地质学之间的边缘科学。关于工程地质学的基本理论和理论体系前人已做了许多有益的思考和探索。

在工程地质学建立之初，它以地质学为其理论基础。但是经过长期的工程实践，人们发现工程地质学与地质学在诸多方面有着较大的差别。它不仅仅要依赖于地质学的某些理论研究地质学的某些现象，同时还要依赖工程建筑理论研究工程建筑物的某些特征。为了工程建设的目的，工程地质学在研究地质体的某些特征时，与其他地质学科所侧重的内容大相径庭。于是人们发现用地质学的理论很难作为工程地质学的基本理论了。因此人们开始探索工程地质学自身的基本理论。

20世纪70年代初，我国著名工程地质学家谷德振提出并建立了岩体工程地质力学理论，指出岩体工程地质力学是“以工程地质学为基础，以地质力学和岩体力学为手段，专门解决岩体稳定问题”。岩体工程地质力学由地质成因理论到地质结构理论，进而发展为工程地质相互作用理论。但是从谷德振所做的定义就可以看出，岩体工程地质力学只是工程地质学的一个方面，它只是从力学的角度阐述岩体结构中有关工程地质问题，而工程地质学的范畴并不仅仅局限于此，它除岩体结构外，还包括土体结构、地下水的作用等（谷德振，1979）。

继谷德振之后，又有人相继提出了土体结构控制论等有关理论。但是所有这些理论目前都缺乏系统的深化、总结，进而逐步丰富、完善和提高成为一个理论体系。

由于上述理论研究的片面性，工程地质学术界曾出现过较大的争论，人们各执一词，理论上难以统一。有人认为自己的理论是唯一正确的理论，也有人认为工程地质学就没有什么理论。因此造成工程地质理论研究的低迷与困惑，这严重影响了工程地质学的发展。20世纪90年代国家科学技术委员会进行学科归并，取消了工程地质学这一学科，不能说不是受上述因素的影响。

2.3　工程地质学研究内容及其与其他学科的关系

工程地质学的研究和工程地质问题的解决涉及的学科种类繁多，它几乎涉及了基础科学的各门学科，包括数学、物理学、化学、天文学、生物学等。它也涉及了地质学中的各门分支科学，包括普通地质学、构造地质学、地层学、地史学、岩石学、矿物学、地质力学、地下水动力学、第四纪地质学、岩石（体）力学等。制图理论与方法、计算机科学等也是工程地质学中经常使用的基本工作手段。系统科学、运筹学、决策论也已在工程地质问题的研究中得到了广泛的应用。由于工程地质学的实用性，经济学、社会学中的诸多问题也是研究工程地质实际问题时经常而且必须涉猎到的。在人类科学技术的各门学科中，也许没有哪一门学科像工程地质学这样要涉及如此众多的基础科学、边缘科学、应用科学（图2-1）。做一名优秀的工程地质技术人员和研究人员需要“上知天文、下识地理、中通社会”。

随着学科的交叉或不同学科相近领域研究的深化，与工程地质相关的其他学科也相继出现，诸如地质工程、岩土工程、岩石力学、岩土力学等。其中工程地质学-岩土工程-地质工程三者交叉重叠最多，对于三者的定义及其研究与应用范畴目前也没有公认的定论。图2-2中的表述也仅算是一家之言。

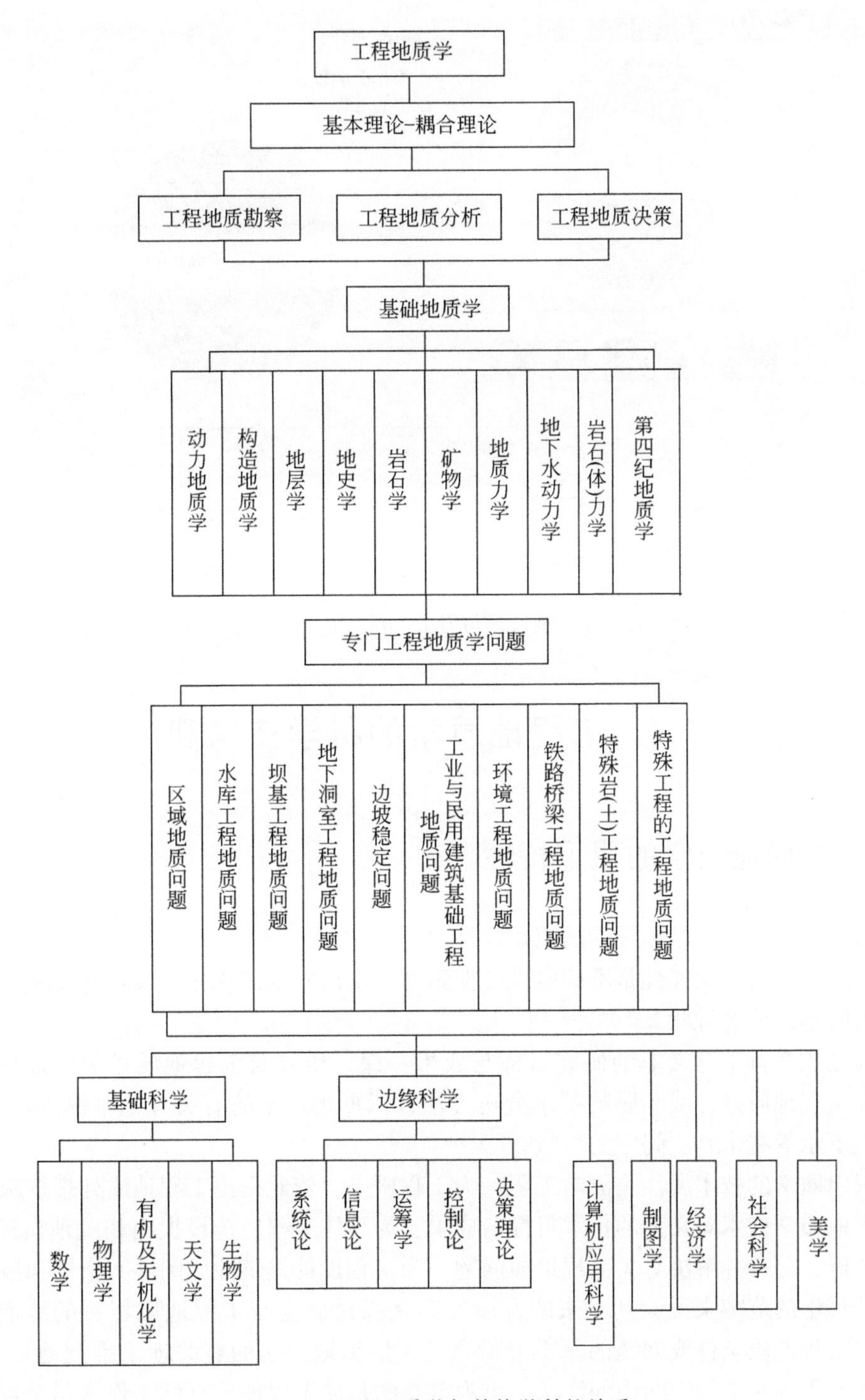

图2-1　工程地质学与其他学科的关系

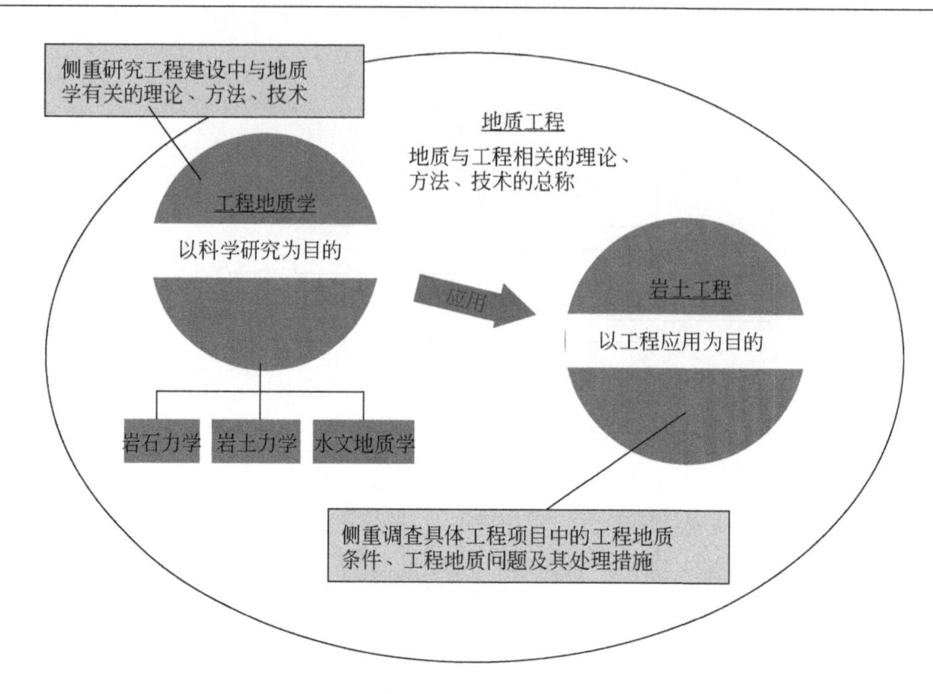

图 2-2　工程地质学与岩土工程、地质工程的关系

2.4　工程地质学的科学技术观

2.4.1　工程地质学的双重特性

工程地质学具有科学和技术的双重特性。

工程地质学的科学属性是不确定性、探索性，由已知推测未知，预测未见的与工程建筑物有关的地质体的性状。

工程地质学科学意义上的研究目标与成果：探讨研究与工程地质相关的地质科学理论，研究工程地质条件或问题的基本分析方法，依据地质学的有关理论推测地层、构造、岩体、地下水等在未知空间中的性状。

工程地质学的技术属性是面向工程，为工程服务，依此提出工程地质处理措施。

工程地质学技术意义上的技术目标与成果：为具体工程的建设提出相关地质环境的工程地质评价，分析并解决有关工程地质问题，为工程设计提供地质图件、指标和报告。

就其科学的范畴来说，其未来的发展方向是探讨研究与工程地质相关的地质科学理论，研究工程地质条件或问题的基本分析方法，依据地质学的有关理论推测地层、构造、岩体、地下水等在未知空间中的性状。更为重要的是使工程地质具体工作人员能够掌握地质理论基础和思维方法。

就工程地质学的技术范畴来说，它应该向岩土工程方向发展，即强调工程地质学的实用性。应明确勘察人员到底应该为设计人员提供哪些成果。

工程建筑是在岩土介质中人工修建一个建筑物，地质人员最了解自然系统的相关属性(地质条件)，优秀的工程应该是自然系统与工程系统的最佳耦合。因此，工程地质学在实用性方面应该扩展工程地质人员的技术工作内容，向岩土工程方向发展，地面以下的工程设计应该交由工程地质人员完成，以培养造就新一代的工程地质专家或岩土工程专家。

2.4.2　工程地质学的科学研究

工程地质学是科学，是一门应用性科学。其以地质科学为基础，面向工程，为工程服务，解决实际问题。

工程地质学的科学基础包括动力地质学、构造地质学、地层学、地史学、岩石学、矿物学、地貌学、地下水动力学等。在上述学科的基础上，产生了以解决实际工程问题为目的的技术基础，包括岩土力学、工程地质学等。

工程地质人员的工作方式是根据有限的资料进行分析判断，预测未见的与工程建筑物有关的地质体的性状，并依此提出工程地质处理措施。

由已知推未知，已知信息的多寡成为对未知推测准确性的重要基础。已知量主要取决于勘察工作量的多少，但勘察工作量不是决定性的唯一标准。实际工程中，勘察工作量总是有限的，对地质条件的揭露永远都不可能达到百分之百。因此工程地质推测就成为必然，这也正是工程地质技术人员在工程建设中的价值所在。对未知推测的准确性在相当程度上取决于对已有资料的分析水平。这些已知的资料也包括一些间接的或隐含的信息。对未知工程地质条件推测准确程度的大小，就代表着推测人的技术水平高低。

科学的范畴需要分析、推理、判断，常常是定性的、推理的和预测的，且具有风险性和不可知性。技术的范畴为具体的指标、数据，是可量化的，实实在在的。

多年来的工程地质实践，常常被人抱怨或怀疑工程地质学的准确性。这实际上是科学与技术两个概念的混淆。是人们总以技术的标准去对科学的范畴做出要求，而工程地质学是用科学的手段解决技术问题。

举例来说：牛顿三大定律是经典的科学的范畴，如第二定律 $\boldsymbol{F}=m\boldsymbol{a}$。但在做某一机械设计时，却不能直接使用这一公式，而是采用某些经验公式，并考虑一系列的修正系数。也只有这样，设计的机械才是可以在实际中使用的机器。

目前实际工程建设中出现过许多工程地质问题，但这些问题往往属于科学范畴的更多，如岩层或构造位置推测不准确，地质作用机理分析出现偏差等。而鲜有因技术范畴的原因引起错误，如试验指标或某些数据不准等。典型的例子是目前进行的各类工程地质数值分析计算，其计算的准确程度的关键取决于地质模型建立的准确性，而不是计算方法或某些具体的指标的选择。

2.5　工程地质学的理论体系

工程地质学的特征是既要研究地质条件，也要研究建筑物的特征。工程地质的研究可以归纳为四个方面：地质历史的研究、工程地质环境的研究、工程地质介质的研究和工程地质介质之间及介质与建筑物之间作用力的研究。实际上为了研究上述问题，前人已经做了大量工作并已经形成了一些专门学科，如地史学、地层学、区域地质学、构造地质学、岩石学、地质力学、岩石（体）力学等。这些学科或作为分支学科直接隶属于工程地质学，或多年被工程地质学借用。根据工程地质学的特点，人们在多年实际工作和理论探索的基础上，先后形成了岩土特性的成因理论、区域地质演化与稳定理论、岩土结构理论、工程地质相互作用理论、岩土变形破坏理论等（图 2-3）。同时也曾提出过诸如岩体结构控制论、土体结构控制论、地质工程理论等诸多的工程地质理论（王思敬，1984，1991）。分析这些理论的本质意义和它们之间的相互关系，结合多年来的工程实践，不难看出：工程地质学研究的诸多问题其根本意义在于如何使工程建筑物充分适应自然工程地质条件，从而建造一个性能合理、造价低廉、运行安全的工程建筑物。因此从工程地质学本身来说，其基本理论就应该是以寻求工程系统和工程地质系统进行最佳耦合为目的的工程地质耦合理论（图 2-3）。

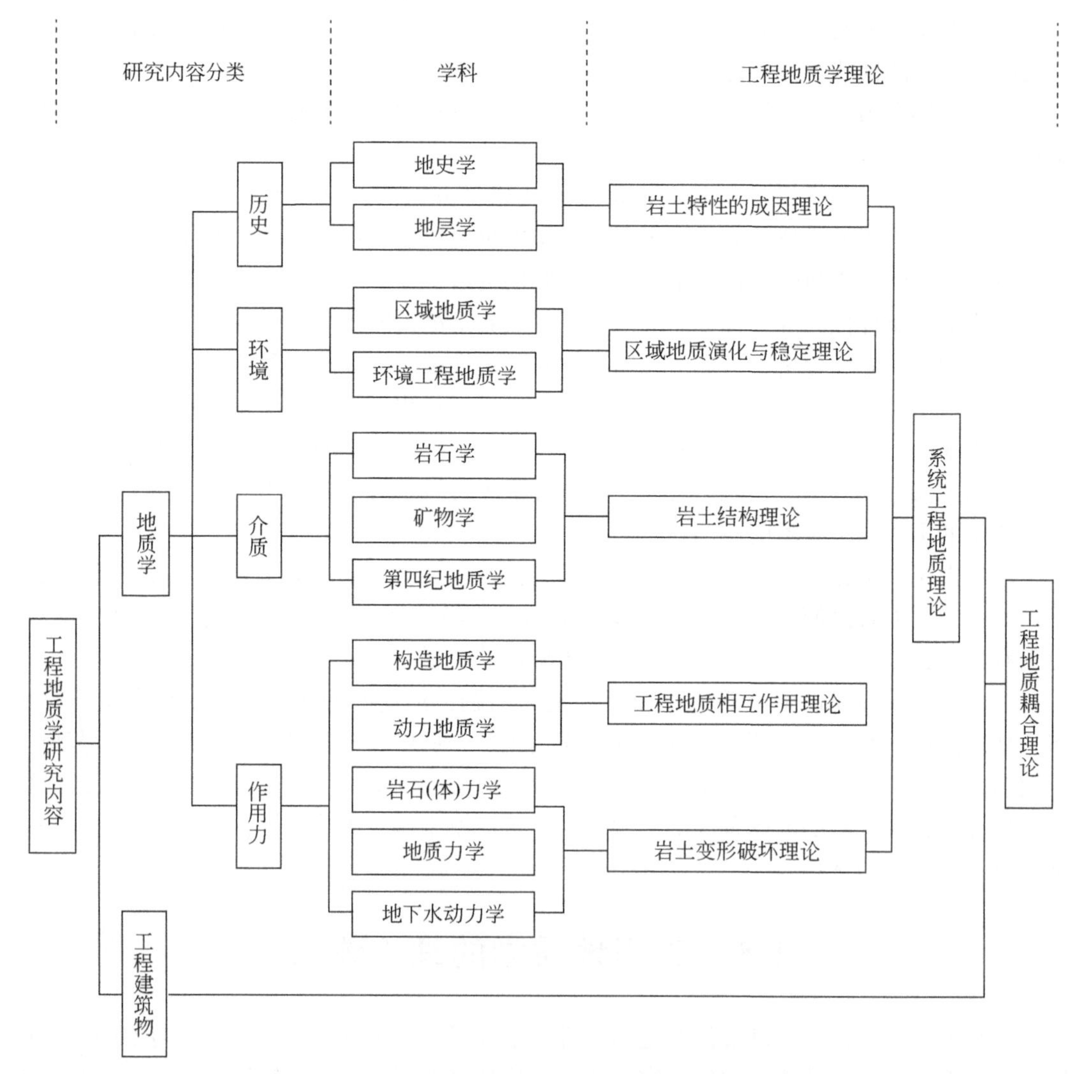

图 2-3　工程地质学研究内容及相关理论

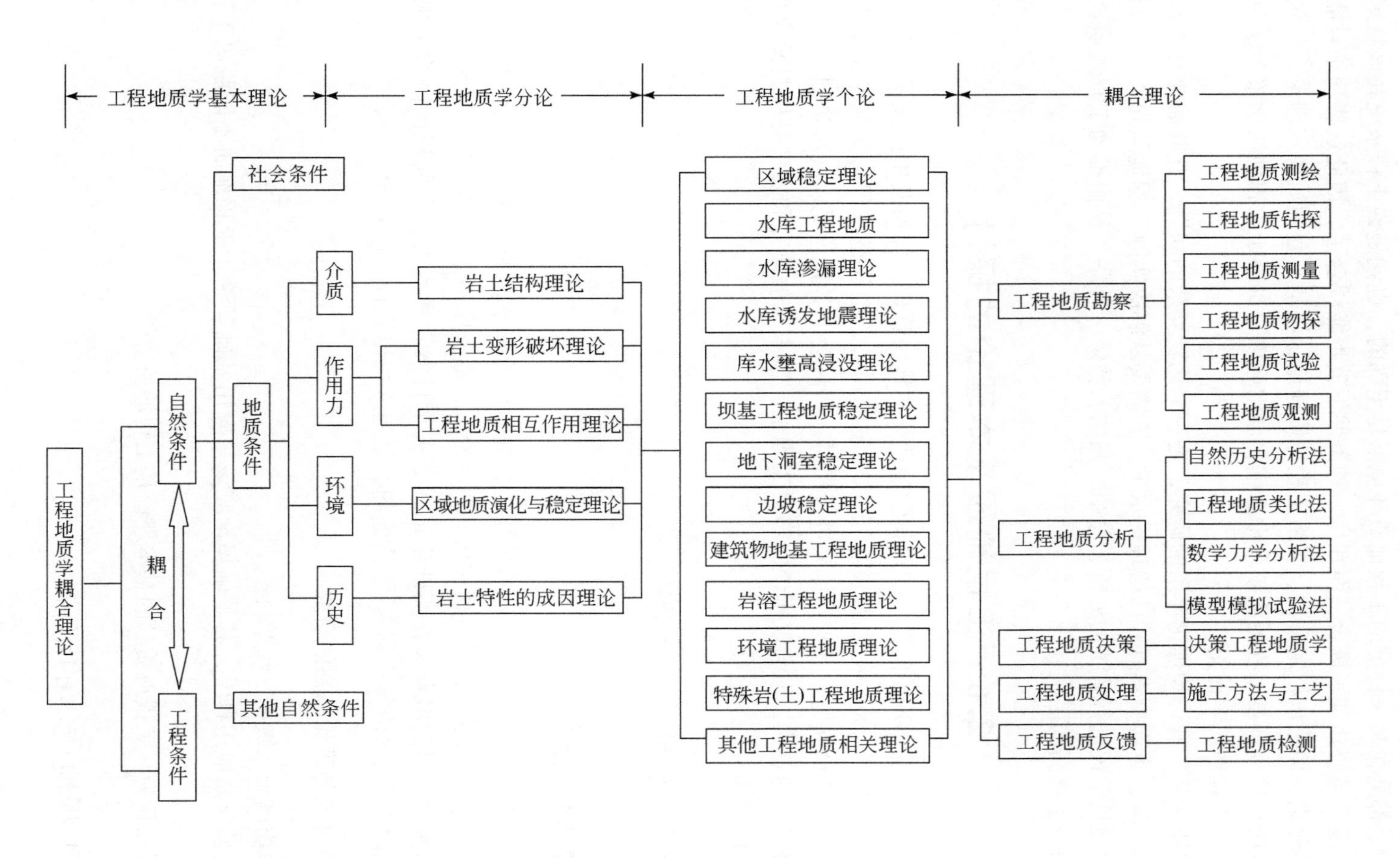

图2-4　工程地质学理论体系

在以往的工程地质研究中，前人提出的岩土（体）结构理论、区域地质演化与稳定理论等，实际上都是在某一特定的工程地质环境下是正确的，也就是说工程系统在该特定环境下与工程地质系统达到了耦合，而在另一种条件下就不能耦合了，因此这些理论只能是工程地质学分论。而边坡稳定理论、岩溶工程地质理论、坝基工程地质稳定理论、建筑物地基工程地质理论等都是工程地质学个论。耦合理论应该是贯穿于工程地质学整个学科的基本理论，是工程地质学通论。

工程地质学基本理论和理论体系的研究，是一个比较复杂的问题，其既需要有丰富的长期工作的经验，也需要具有较高的理论水平。它需要从解决实际工程地质问题的目的出发，对各种理论学说进行系统的分析、总结、归纳、精炼、升华，从而推动工程地质这门科学发展到一个更高的层次（图 2-4）。

2.6　工程地质基本理论的探讨

关于工程地质基本理论问题，中国科学院地质与地球物理研究所及中国地质学会工程地质专业委员会曾于 2001 年先后组织了三次专题研讨会，会议邀请国内知名专家、学者对工程地质基本理论问题及其理论体系进行探讨。研讨会上各抒己见、气氛热烈，虽然会议并未形成统一的意见，但会议所谈内容对工程地质学未来的研究和发展是极具意义的。研讨会主要内容如下。

2.6.1　理论及理论体系的定义

1. 理论体系的定义

人们由实践概括出来的关于自然界和社会的知识的有系统的结论。——《现代汉语词典（修订本）》，中国社会科学院研究所词典编辑室，商务印书馆，1996 年。

人们从实践中概括出来又在实践中证明了关于自然界和人类社会的规律性的系统认识。——《精编现代汉语实用词典》，唐志超，延边人民出版社，1999 年。

2. 基本理论与理论体系的研究

工程地质属于二级或三级学科。

工程地质学是应用科学，其基础理论应该是应用基础理论。工程地质不能脱离工程，不能脱离力学。

一种观点认为：工程地质学的基本理论是工程地质力学。

2.6.2　工程地质学的定位

依据科学的基本概念，科学的属性是认识自然，技术的属性是改造自然。而工程地质学既有科学的属性——认识自然，也有技术的属性。

工程地质学 {揭示自然的一般规律；揭示某一物体（地质体）的特有规律；改造自然}

工程地质学研究的客体是工程中的工程地质条件和工程地质问题，与其他学科的区别在于其实践性，依托于实际工程，应用于实际工程。工程地质是解决与工程有关的地质体稳定及与其相关经济问题的。

2.6.3 建立工程地质学理论体系的必要性

建立自己理论体系的必要性：科学需要理论，技术也需要理论。长期的工程实践需要理论做指导，众多的研究成果需要进行总结归纳，百家争鸣到一定阶段需要理论上的逐步统一，学科的发展需要一个完整的理论体系。

应充分认识到工程地质学科的特点。目前，各学科都在扩大范围、外延，吸收其他学科很多现成的成果，“拿来主义”很多。

社会的需求确定了工程地质学科的存在。目前面临的是协调发展的问题，基本理论不宜太多，太多就不是基本理论；也不宜太少，太少就不能称为体系。

2.6.4 建立工程地质学理论体系的可行性

（1）近百年来人们长期的工程地质实践；

（2）前人和现代多年的研究、探索及取得的丰硕成果；

（3）近代大规模的工程建设；

（4）中国的工程地质科技人员的断代及思想的转轨。

2.6.5 建立理论体系的目标

理论体系中应涵盖目前已有的各种理论、方法、学科。每一位从事工程地质工作的人员可以在理论体系中找到自己所研究的点。

2.6.6 工程地质理论的研究步骤

（1）现有理论的总结归纳；

（2）现有理论的系统、提高；

（3）建立理论体系；

（4）提出基本理论。

2.6.7 工程地质学基本理论研究现状

张咸恭教授认为，经过多年生产、科研、教学实践取得了共识，我国工程地质学的发展形成了自己的理论体系。

（1）以工程地质条件的研究为基础；

（2）以工程地质问题分析为核心；

（3）以工程地质评价（决策）为目的；

（4）以工程地质勘察为手段。

其基本理论包括岩土特性的成因控制论、岩土稳定性的结构控制论和人地调和的原则。

罗国煜教授认为：工程地质学的基本理论是成因控制论、结构控制论和人地调谐理论。具体包括岩土结构理论、地质工程理论、实效变形理论、优势面理论、土结构和微结构理论、工程地质系统论和人地调和的对策理论等。

王思敬院士认为：工程地质学的理论主要包括岩土工程地质学的成因特征、区域工程地质格局的演化理论、岩土体稳定性的结构理论、工程地质过程的相互作用理论、工程地质作用过程的非线性系统动力学等。

黎宁青教授认为：工程地质学的基本理论包括地质成因决定论、结构构造控制论、相互作用理论、力学特性和外部作用的相对平衡的理论、不良现象改造或强化的理论和综合评价决策论。

2.6.8 工程地质理论讨论中存在的问题

在工程地质理论的讨论中，存在以下问题：

（1）准备不足，难于深入；

（2）思考不足，难置可否；

（3）已有框框，难于打破；

（4）临时泛谈，不成体系。

因此我们建议：

（1）暂时停止基本理论研究与争论（基本理论争论较大，众多理论中很难确定谁是基本理论），目前只研究理论体系；

（2）停止有无理论的争论，着手开始实质性理论体系研究工作；

（3）无理论派的学者，可暂不继续参加下阶段的讨论；

（4）有理论派的专家学者，请列出已有的理论，然后统一梳理，研究各理论的相互关系，从而逐步建立起一个相对完整的理论体系。

2.6.9 耦合理论作为工程地质学基本理论的原因

李广诚教授在实践工作的基础上，经过理论概化提出了工程地质耦合理论——工程地质的目的及其全过程都是为了将工程条件与自然条件即工程地质条件做最大程度地耦合。同时认为，上述提出的工程地质各种理论其最终目标都是归结为上述两种条件的耦合，也可以说工程地质耦合论是上述各种理论归一。因此认为耦合理论是工程地质的基本理论，具体原因如下：

（1）工程地质工作是为了耦合：出发点和终极目标都是为了耦合。

（2）工程地质工作的全过程是耦合的：

勘察—分析—决策—治理—反馈；

规划—可行性研究—初步设计—施工—运行反馈。

（3）现有工程地质学的各学科都是为了耦合。

（4）工程地质学现有的各种理论都是为了耦合。

但在讨论中有学者不同意上述观点。李毓瑞教授明确反对将耦合理论作为工程地质学的基本理论。许兵教授认为耦合理论作为工程地质学的一个基本理论太大。徐嘉谟认为工程地质是认识世界，地质工程是改造世界，耦合理论作为地质工程的基本理论更为确切。

第3章　工程地质耦合理论

工程地质学是为工程建设服务的科学，是研究各种建筑物的地质条件、建筑物对地质条件的改造或影响、地质条件发生变化时对建筑物的影响以及使建筑物在相应地质条件下保持稳定和正常使用所需采取的工程措施的一门科学。

地球上现有的一切工程建筑物都是建造在地壳表层的。地壳表层的地质条件就必然会影响建筑物的安全，影响建筑物施工与运行时的工程造价；而建筑物兴建之后，又会反过来影响自然地质条件的变化，改变建筑物所处的地质环境。自然地质条件和工程条件处于相互联系、相互制约的矛盾之中。研究矛盾着的这两个方面的本质，并促使它们转化，使矛盾得以解决，这就成为工程地质学研究的对象。

工程地质学作为一门独立的学科已有70年的历史。但是这一学科长期以来一直是以解决实际问题为目的。由于这一学科的实用性较强，人们总是侧重于研究解决工程中出现的某些具体问题，而缺少对这一学科做理论上的系统的探讨。虽然目前在这一学科的某一方面或某一问题上已经有了非常深入的研究，或在其某一分支学科中提出了相应的理论，但就工程地质学本身而言，却一直没有一个完整的理论体系。耦合理论就是在前人大量实际工作和研究工作的基础上，提炼升华出的一个基本思想，它是贯穿于工程地质学的一个基本理论，也是解决各种各样工程地质问题的基本指导思想。

3.1　耦合理论的基本思想

耦合是指两个或两个以上的体系或两种运动形式之间通过各种形式的相互作用而彼此影响一致联合互动的现象。工程建设中，工程区所处的自然条件（也包括工程经济条件、社会条件等）是一个完整的自然系统（N）。工程建筑物本身一般也是由几部分组成的，各组成部分之间有着密切的联系，是一个完整的工程系统（P）。工程设计就是将工程系统（P）与自然系统（N）做最佳的耦合。

如图3-1所示，自然系统可以表示为几个元素已经确定了的集合N，而工程系统（工

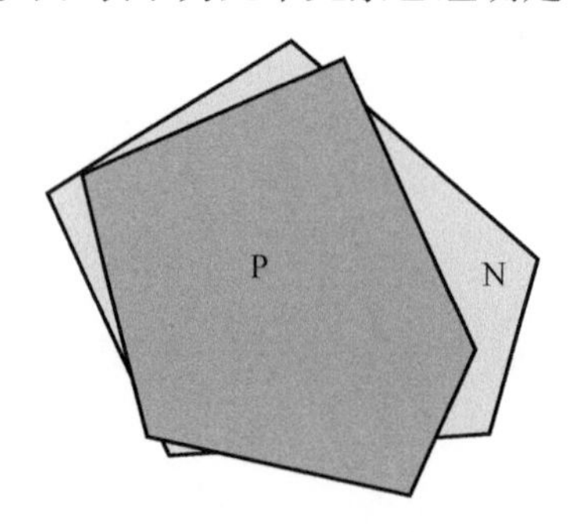

图3-1　工程系统与自然系统的耦合

程建筑物）是确定了另外几个元素的集合 P。工程技术人员所要做的工作就是将集合 P 放到集合 N 上，并使二者尽可能地达到最大程度的重合——耦合。

实际工程中，有时需要在自然系统中添加一个人工系统，如建一座大坝、盖一座大楼；也有时需要在自然系统中减去一个人工系统，如地下洞室的开挖、矿山的开采。前者可以认为是在自然系统中增加一个正系统，后者可以认为是在自然系统中增加一个负系统。但是不管是增加正系统还是增加负系统，都需要使人工系统与自然系统达到最大程度的耦合。

但实际工程中，两个系统在天然状态下完全达到耦合是不可能的，都需要进行修改处理，或者说对系统进行修改。这种修改方法包括以下两个方面。

（1）改变自然系统（N）：即采取工程措施，改变自然系统的某些属性。例如挖除不宜于做建筑物基础的地层或对建筑物布置有影响的土石体、灌浆提高天然岩土层的密实度及承载力、锚固边坡上已有的或将有的开裂面增强其稳定性等。

（2）改变工程系统（P）：即修改设计，改变建筑物形式。例如调整坝高、坝型、装机、建筑物布置方式、建筑物位置的选择、建筑物尺寸的选用等。

应该指出，一项优秀的设计应是尽可能少地改变自然系统（N），并且应该充分利用和适应自然系统。新奥地利隧道施工方法（简称新奥法）施工就是充分利用围岩的天然应力状态保持洞室的稳定，可以说这是较好利用自然系统的典范。水利工程的建设中水文资料的收集和地质资料的勘察等也是为了使工程系统尽可能地耦合自然系统。孙广忠（1996）教授提出的地质工程的概念实际上也就是充分利用自然条件，让工程系统与自然系统做最佳的耦合。

可以说任何一个成功的工程都是自然系统与工程系统取得最佳耦合的结果。反之，任何一个失败的工程都是自然系统与工程系统未耦合造成的。

耦合理论基本内容及其相互关系见图 3-2。在此图中，工程的耦合侧重于传统意义上的工程地质内容，实际上在自然系统中也包括社会条件（社会需求、社会环境、经济环境等）、水文气象等因素；工程系统中还包括工程结构和工程措施等。但在传统的工程地质学中，这些都不属于工程地质学研究的内容。而要做好一个工程，这些都是必须考虑研究的问题。

部分项耦合与全项耦合：实际工程中要将工程系统与自然系统在各个方面完全耦合常常是难以做到的。如一个工程中有 n 个影响因素，但其中有 m 个主要因素，有时只要将 m 个因素在工程系统与自然系统达到一定程度的耦合就够了，即部分项耦合，而不一定非要使 n 个因素均耦合即全项耦合（图 3-3a）。在实际工程中，对于未耦合的项（$n-m$ 项），有时是已知的，但认为其不重要，不必进行耦合；而有时是由于事先对自然系统和工程系统认识不全面，或由于认识水平的限制而不知道自然系统中的某些影响因素而造成了丢项（图 3-3b）。而后者常常会影响工程或工程地质决策的正确性，甚至有可能导致工程失败。

局部耦合与整体耦合：同样在一个工程中，工程系统中的某一子系统可能与自然系统（子系统）是耦合的，即局部耦合，而整体工程系统与自然系统却是不耦合的或耦合度不高。由于水利水电工程系统是一个庞大复杂的系统，所以工程设计和建设中，有时将工程建筑系统仅仅与自然系统（总系统）中的一部分——子系统耦合就够了。图 3-4 中 N 代表自然总系统，在系统 N 中存在着一个子系统 Ns，C 为工程建筑系统。我们这时所要做的就是将系统 C 与子系统 Ns 进行耦合，而不一定与 N 耦合。

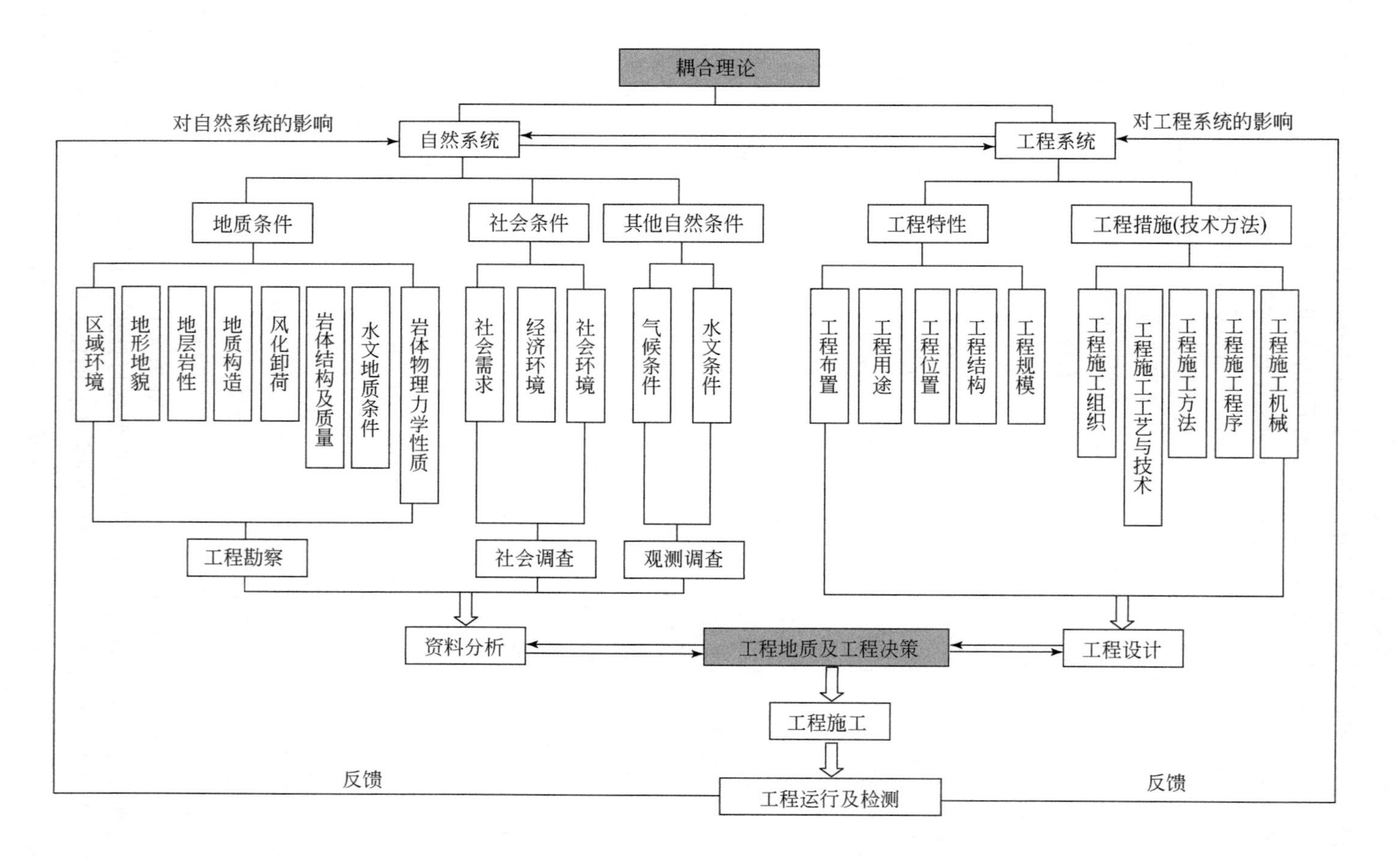

图3-2　耦合理论的基本内容及其相互关系

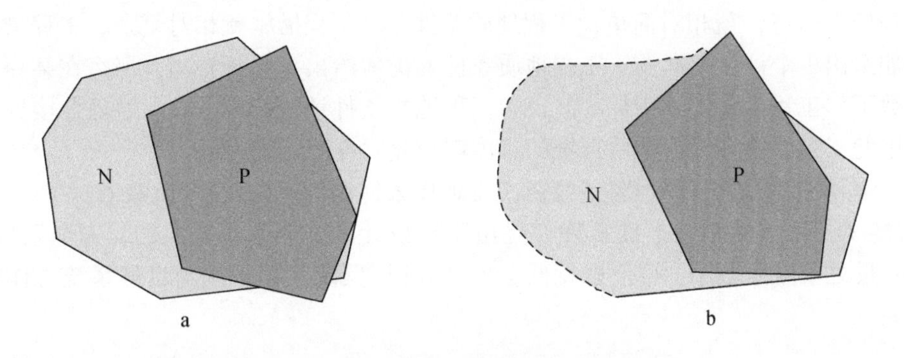

图 3-3　工程地质系统与边界条件的耦合

a. 自然系统影响因素全部已知时的部分项耦合；b. 自然系统影响因素部分已知时的部分项耦合

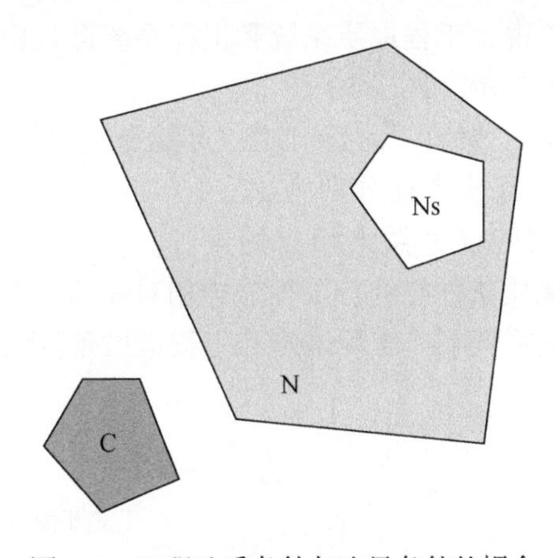

图 3-4　工程地质条件与边界条件的耦合

例如，修建某一建筑物非常适合局部工程地质条件，但该建筑物却与工程总体布置不相适应。同样，一个水电站对于某一梯级来说可能是非常合适的，与自然条件是耦合的，但对于整个河流的开发利用却可能是不适宜的，是不耦合的。

短期耦合与长期耦合：建设某一项工程时，工程系统与自然系统在目前或短期内是耦合的，但是由于自然条件是在不断变化的，从长期来看也许就是不耦合的。

3.2　耦合理论的图示模型

3.2.1　工程系统与自然系统的总体耦合

如前所述，自然系统和工程系统是两个不同的系统，工程建设就是将两个系统进行耦合。就工程地质范畴来说，自然系统可以认为是工程地质系统，工程地质之外的内容可以由其他相关专业考虑。同样工程系统针对工程地质条件来说，就是工程处理措施。

在工程地质系统中，可以发现这样的规律：工程地质条件好，工程措施（工程建筑形式或工程处理措施）就相对简单；工程地质条件差，工程措施就相对复杂。工程措施实施的强弱如给出一个评价指标 M，工程地质条件的优劣给出评价指标 G，那么在某一选定的安全系数下，工程措施评价指标（M）和工程地质条件评价指标（G）的复合接近于一个常数。因此工程系统和工程地质系统的总体耦合此时可用下式表示：

$$\text{工程措施评价指标}(M)+\text{工程地质条件评价指标}(G)=\text{常数}\ C \tag{3-1}$$

式中，M、G 两项互为消长。而常数 C 是由工程设计的安全系数决定的，安全系数大，C 值就高；反之安全系数小，C 值也就低。式（3-1）反映工程系统与自然系统总体耦合的基本关系。

3.2.2　工程系统与自然系统的分项耦合

对于一个具体的工程来说，工程地质系统和工程系统都是由若干个因素构成的。二者的耦合关系可以用条形图来表示（图 3-5）。

在一个工程项目中，就工程地质而言对工程可能有直接影响的因素如有 n 项，各项工程地质因素优劣各异，其评价指标分别为 g_1，g_2，…，g_n，并组成一个系统 G，工程设计就是针对这些工程因素的优劣做出相应的设计。工程措施（工程结构、处理措施）组成另一个系统 M。工程地质条件好的，工程措施相对简单；工程地质条件差的，工程措施相对复杂。在一定的安全系数下，工程措施和工程地质条件诸项的复合也接近于一个常数 C。

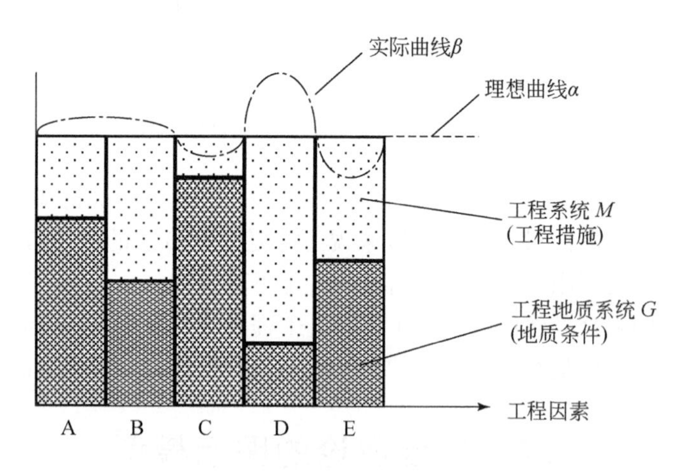

图 3-5　工程地质系统和工程系统耦合条形图

由于实际工程的复杂性，实际上很难控制每一个工程因素都恰恰达到理想状态（曲线 α），某些工程措施可能处理的不够，某些工程措施可能过强了。因此实际曲线可能如图 3-5 中曲线 β 所示。但是一般来说，这种波动只要在某一特定的范围内，整个工程仍然是安全可靠、经济合理的。但如果某一项过多地超过了上限，就会提高工程造价，造成浪费，而某一项超过其允许下限，就将引起工程事故。

由于实际工程的多样性、复杂性，各个工程的工程因素项目个数和种类各不相同，各项目的评价指标也各不相同。这样就构成了各个工程的特色，工程设计就是针对这种特色来进行，从而达到最佳耦合。

在实际工程中，对于某一工程因素优劣的评价固然重要，但是能否全面列出这些因素也许更为重要。因为某一工程因素的优劣评价对于工程结果来说可能只是量的变化，而忽略了某一工程因素，对于工程结果来说可能是质的变化。因此在实际工程中工程地质问题的研究与处理，可以说不怕有不利的工程地质问题，就怕没有发现或注意到某一不利的工程地质因素。

3.3　耦合理论的数学模型

3.3.1　自然系统和工程系统为常数时的数学模型

若工程地质系统中的工程地质因素有 n 项 G_1，G_2，…，G_n，设各项工程因素的评价指标分别为 g_1，g_2，…，g_n；针对工程地质条件，相应的工程系统中的工程因素也有 n 项 M_1，M_2，…，M_n，采取相应措施指标分别为 m_1，m_2，…，m_n；工程地质耦合就是应尽可能地将每一自然因素的评价值与工程处理措施强度值相加，其和为一常数 c，即

$$g_i+m_i=c \tag{3-2}$$

常数 c 是根据工程的安全系数或安全度来确定的。

自然系统与工程系统的耦合可用矩阵表示如下。

自然系统矩阵为

$$\boldsymbol{G}=|g_1,g_2,\cdots,g_n| \tag{3-3}$$

工程系统矩阵为

$$\boldsymbol{M}=|m_1,m_2,\cdots,m_n| \tag{3-4}$$

自然系统与工程系统的耦合为

$$\begin{aligned}\boldsymbol{G}+\boldsymbol{M}&=|g_1+m_1,g_2+m_2,\cdots,g_n+m_n|\\&=|c,c,\cdots,c|\\&=c\,|1,1,\cdots,1|\end{aligned} \tag{3-5}$$

自然系统与工程系统也可为一个联合矩阵：

$$\boldsymbol{C}=\begin{vmatrix}g_1,g_2,\cdots,g_n\\m_1,m_2,\cdots,m_n\end{vmatrix} \tag{3-6}$$

3.3.2　自然系统和工程系统为不连续变量（函数）时的数学模型

若自然系统中的自然因素有 n 项 N_1，N_2，…，N_n，但自然系统中的工程因素评价指标不是常数，而是变量，这些变量即分别用函数 φ_1，φ_2，…，φ_n 表示；

相应的工程系统中的工程因素也有 n 项 M_1，M_2，…，M_n，采取相应措施指标的函数分别为 ψ_1，ψ_2，…，ψ_n。

工程地质耦合就是应尽可能地将每一自然因素的评价值与工程处理措施强度值相加，其和为一常数 c，即

$$\varphi_i+\psi_i=c \tag{3-7}$$

用矩阵表示如下。

自然系统矩阵为

$$\boldsymbol{N}=|\varphi_1,\varphi_2,\cdots,\varphi_n| \tag{3-8}$$

工程系统矩阵为

$$\boldsymbol{M}=|\psi_1,\psi_2,\cdots,\psi_n| \tag{3-9}$$

自然系统与工程系统的耦合为

$$\begin{aligned}\boldsymbol{N}+\boldsymbol{M}&=|\varphi_1+\psi_1,\varphi_2+\psi_2,\cdots,\varphi_n+\psi_n|\\&=|c,c,\cdots,c|\\&=c|1,1,\cdots,1|\end{aligned} \tag{3-10}$$

3.4 耦合理论的应用步骤及其循环

3.4.1 耦合理论的实施步骤

工程地质学耦合理论的具体实施，从认识的角度说可以分为三个基本步骤：即工程地质勘察（I，investigation）、工程地质分析（A，analysis）、工程地质决策（D，decision）（图 3-6）。

工程地质勘察是运用工程地质理论和各种技术方法，为解决工程建设中的地质问题而进行的调查研究工作，包括工程地质测绘、工程地质测量、工程地质勘探（钻探、物探、化探、洞探、井探、坑槽探等）、工程地质试验和工程地质观测等。

工程地质分析是应用工程地质学及其他相关学科的原理方法、分析对工程建设有影响的各种工程地质因素的性质与特征、各因素之间的相互关系、各因素对工程建筑物的影响程度等，从而为工程决策奠定基础。工程地质分析方法较多，归纳起来有四种，即自然历史分析法、工程地质类比法、数学力学分析法和模型模拟试验法。近年来人们对数学力学分析法研究较多，并提出了许多新的理论和方法，包括有限元计算、模糊理论、灰色理论、非线性分析、神经网络理论等。

工程地质决策是指人们为了实现某种特定的目标，运用科学的理论，系统地分析工程中的工程地质条件，提出各种预选的可能方案，并从中选择出一个方案，从而使工程建设技术上可靠、经济上合理、运行上安全。

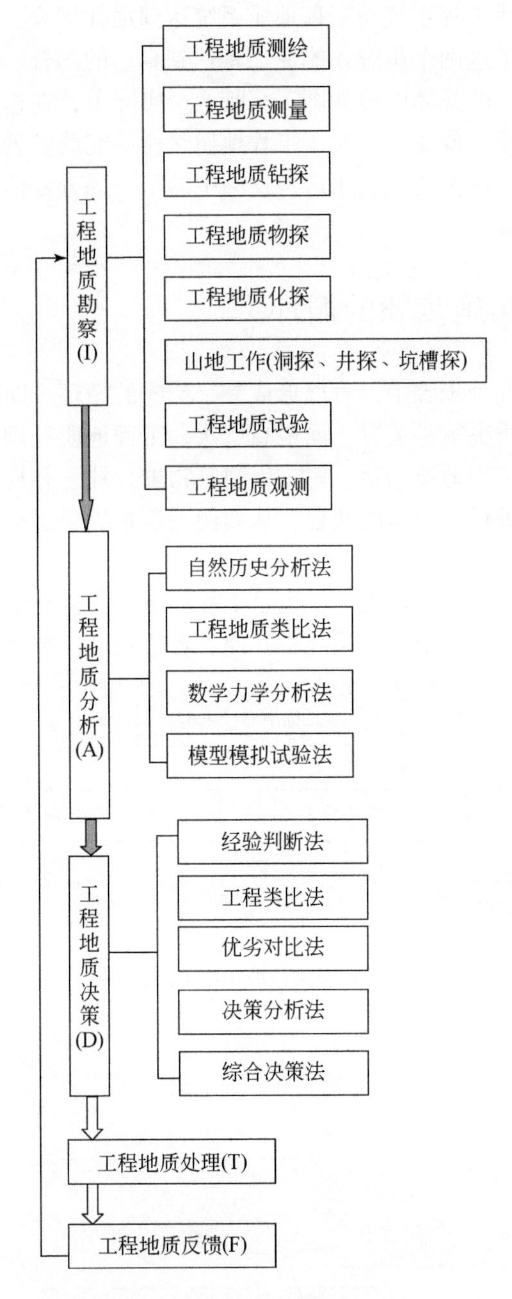

图3-6　耦合理论的实施步骤

上述三个步骤不仅仅是耦合过程中循序渐进的三步，同时也是一个认识水平逐步提高的过程，是对自然系统认识的三个不同层次。工程地质勘察是工程地质分析的基础，工程地质分析是工程地质决策的基础，而在这三个步骤中，工程地质决策是关键。

实际上，耦合理论对于一个实际工程来说，还包括工程地质处理（T，treatment）、工程地质反馈（F，feedback）两个步骤。虽然这两个步骤在传统概念上有时已不属于工程地质学的范畴，但是要使工程系统与工程地质系统达到最佳耦合，这两个步骤是非常重要的，或者说也只有经过了这两个步骤才能使二者达到真正的耦合。

耦合理论实施步骤中的具体内容如图 3-6 所示。实际上，在这个框图中包括了工程地质学中所研究的各个问题。或言之，对于工程地质学所研究的各种问题都包含在了这一框图中的一项或几项之中，也可能是利用这一框图中的某一部分专门研究某一具体工程地质问题，如边坡稳定问题等。

3.4.2　耦合理论实施步骤的循环

在耦合理论实施的五个步骤中，可以形成一个单向的循环，即 IADTF 循环（图 3-7）。在这个循环中，工程地质决策是关键，属最高层次。工程地质处理完成后，经过工程地质反馈，进行新一层次的工程地质勘察，对工程建筑物进行补强和局部再处理。每经过一次循环，工程的耦合可能进行一次新的跃迁，从而使工程系统与工程地质系统做进一步耦合（图 3-8、图 3-9）。

耦合理论是工程地质学的基本理论，也是工程地质学所特有的理论。因为只有地质工程才会在自然系统中加入另一个人工系统，并使二者达到最佳耦合。

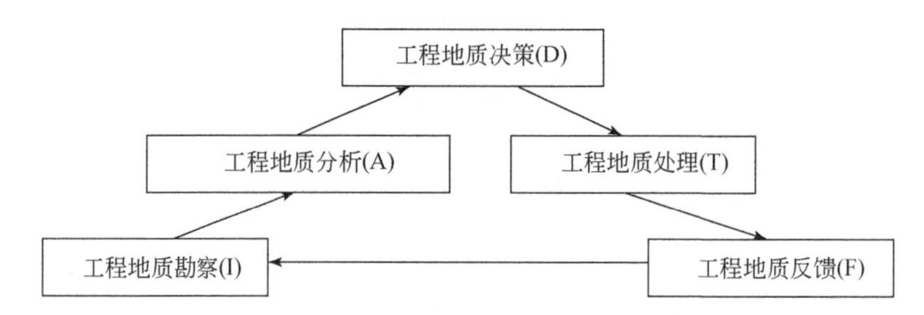

图 3-7　耦合理论应用中 IADTF 循环

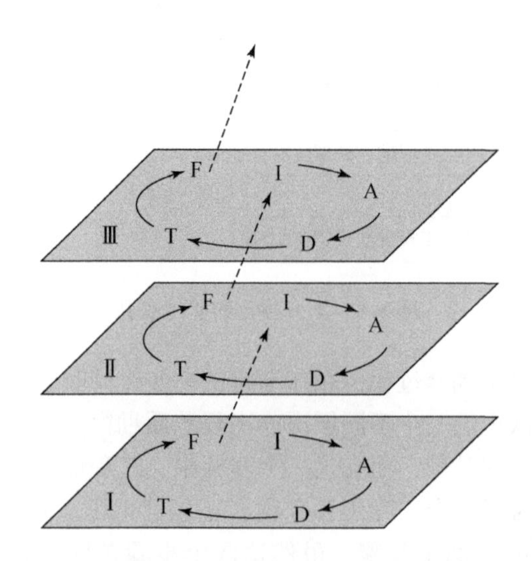

图 3-8　耦合理论应用中 IADTF 循环及其不同层次的跃迁

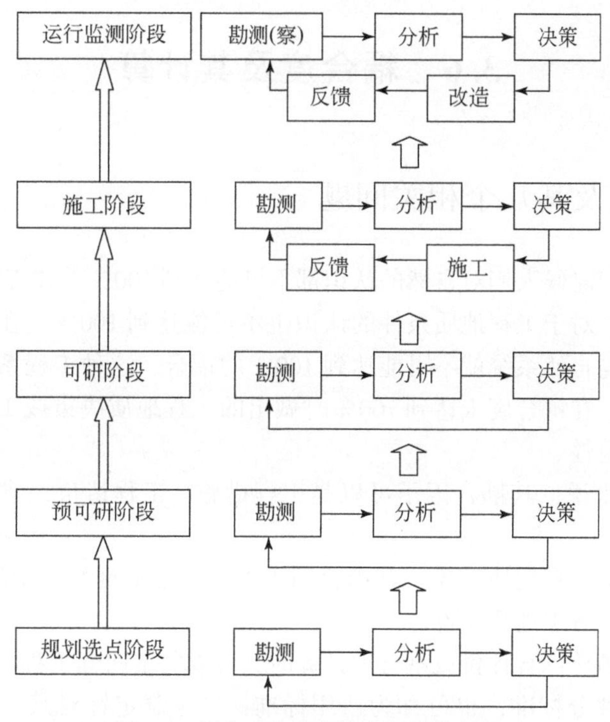

图3-9　耦合理论的实施步骤及其循环

3.5　工程地质学耦合理论的决策准则

为了使工程系统与自然系统达到最大程度的耦合，在工程地质决策中遵循的准则是充分利用为上、合理避开为中、适当处理为下。

所谓充分利用，就是充分利用自然条件。就工程地质而言，就是充分利用工程已经存在的工程地质条件的现状和有利因素，让工程设计去耦合自然系统。例如，利用天然地形改变建筑物的布置及尺寸，减少工程开挖；利用坚硬的岩性，减少基础处理强度和处理量；利用断层破碎带或风化岩体的开挖布置适宜的建筑物，利用地下水的出露点布置建筑物排水设计等。优秀的设计应该是充分利用自然条件，而不是强行改变自然条件，这种自然条件利用程度越高，工程越安全、工程造价越小。

所谓合理避开，就是对于不良的工程地质体，在不能被工程建筑物合理利用的情况下，如可能应该采取尽量避开的原则。例如，工程建筑物的布置应该尽量避开区域性的断裂破碎带、地基中的不良岩体、水文地质条件复杂地区、松散的边坡分布处等。因为任何一个不良地质体的存在一方面对工程的安全产生影响，另一方面将大大增加工程造价。

所谓适当处理，就是在不良地质体无法避开的情况下所必须进行的工程处理，如工程开挖、锚固、灌浆等。但是工程处理中不能盲目进行，要遵循最小、有效、安全三项原则，即工程处理工作量最小、处理措施对于解决工程问题有效，处理后的工程建筑物应该达到安全运行的标准。既要避免设计保守盲目增加工程量，也要避免盲目乐观而使工程处理措施不够，给工程安全留下隐患。

3.6　耦合度及其计算

3.6.1　耦合度及其几个相关问题

实际上，在任何时候人们对自然的认识都不可能达到100%，在工程实际中由于经费、时间等因素的限制，对于工程地质条件的认识也不可能达到100%。在这种认识不充分的情况下，工程系统与自然系统就不可能达到100%的耦合，这种工程系统与自然系统的耦合程度称为耦合度。在耦合度未达到100%时做出的工程地质决策或工程决策，就或多或少地带有一定的风险性。

对于某项工程来说，其耦合因子可以是工程措施、工程造价、建筑物形式、工程等级、安全系数等。

对于某个工程的工程地质来说，其耦合因子可以是地形地貌、地层岩性、地质构造、岩土物理力学指标等各项地质条件。

实际进行工程地质耦合评价或耦合度计算时，可以制定两套工程地质评分标准：一是适用于所有工程的评分标准，也可称为通用标准；二是制定针对某一特定工程的专用标准。后者在实际工程中更具有实际意义，也便于操作。

依据一定的标准，再对工程地质条件各因子进行逐项评分。初始地质评分如图3-10阴影区。实际上，在工程施工中都要对工程项目所处的地基采取工程措施进行处理，而处理后的地基其地质条件都会得到不同程度的改良，各项因子的评价指标也会随之提高，这时它们的评价值可能是图3-10中的白色区域。各因子在进行工程处理前后的评价指标如图3-11所示。

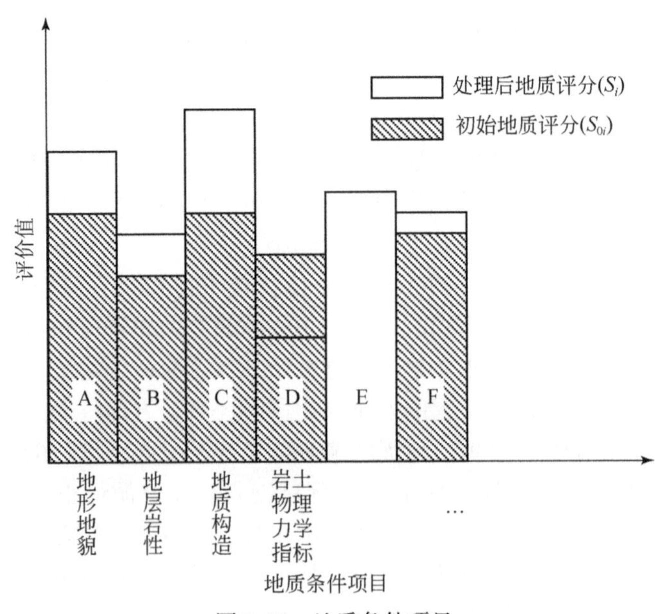

图3-10　地质条件项目

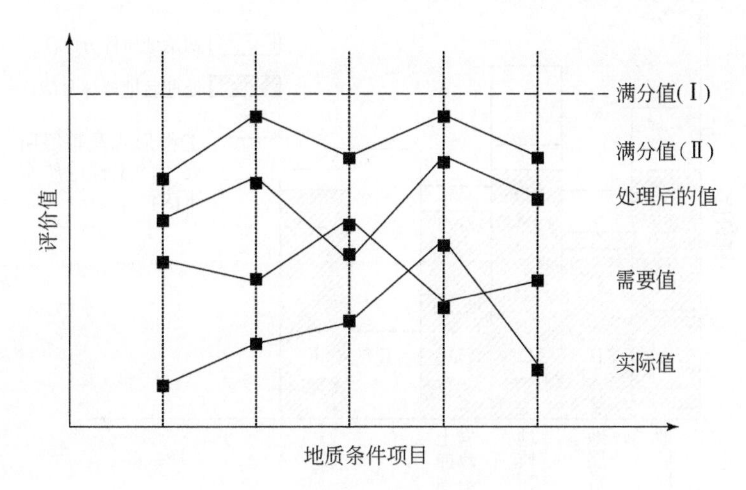

图 3-11　各因子工程处理前后的耦合值

3.6.2　耦合度计算

1. 纯工程地质耦合度

总体耦合：

$$p = \left(1 - \sum \left|\frac{S_{0i} - S_i}{S_{0i}}\right|\right) \times 100\%$$

$p = 100\%$ 最佳，此时不做任何工程处理；

$p > 100\%$ 浪费；

$p <$ 下临界值，工程不安全。

单项耦合：

$$p_i = \left(1 - \frac{|S_{0i} - S_i|}{S_{0i}}\right) \times 100\%$$

$p_i = 100\%$ 最佳；

$p_i > 100\%$ 浪费；

$p_i <$ 下临界值，工程不安全。

在 p 处于临界值范围内，但 p_i 中某一项超过临界值时，工程也不安全。应使 p_i 所有项及 p 均处于允许（临界）值范围内。

2. 结合建筑物形式和等级的耦合度

实际工程中，我们并不需要每一项工程地质因素都达到最完美的程度，而是根据工程形式及等级的要求确定一个工程安全所需要的工程地质水平（S_i'），工程处理后，各项工程地质因素能达到该水平（S_i'）就可以了（图 3-12）。工程的耦合也就是与这一值进行比较。

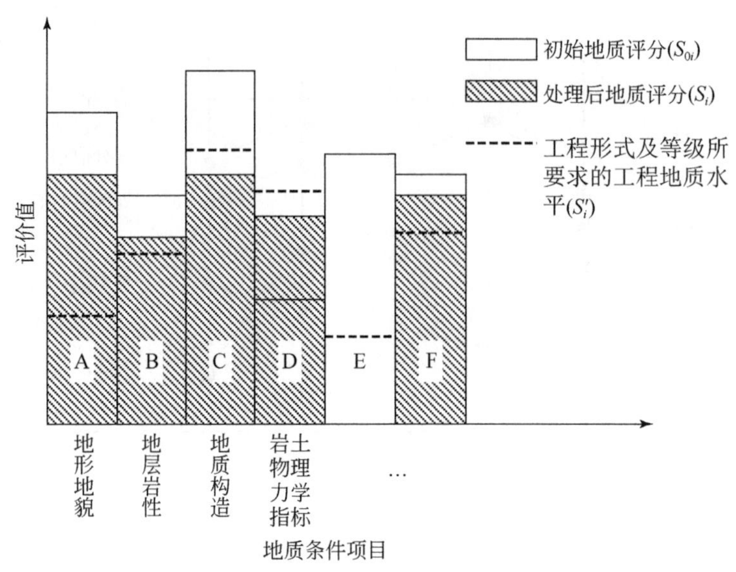

图 3-12　结合建筑物安全要求的耦合度

总体耦合：

$$p' = \left(1 - \sum \left|\frac{S_i' - S_i}{S_i'}\right|\right) \times 100\%$$

单项耦合：

$$p_i' = \left(1 - \left|\frac{S_i' - S_i}{S_i'}\right|\right) \times 100\%$$

3.6.3　耦合与造价

实际工程中，采取不同的工程措施会得到不同效果的耦合，而不同的工程措施其工程造价是不同的。并不是说采取造价越高的工程措施所获得的耦合度就越高，甚至可以说工程造价与耦合往往并没有直接的相关性。图 3-13 中的措施 A，工程造价很高，但其耦合度却很低。而措施 D 工程造价很低，但其耦合度却很高。此时 A 是最差方案，而 D 是最佳

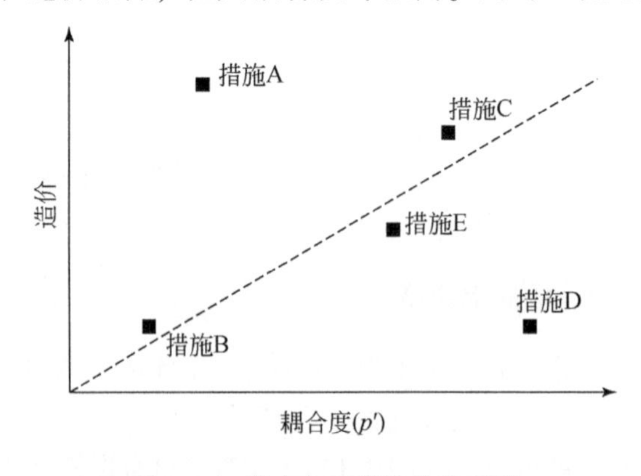

图 3-13　耦合与工程造价关系图

方案。这两种状态在实际工程中是存在的。有时花费很高的工程费用所获得的工程处理效果却很差，甚至起到了相反的作用。但有时花费很少的费用，所采取的措施得体，就可以取得非常好的工程处理效果。

A、D是两种极端状态，实际工程中更多的是B、C、E这三种状态，即增加一些费用工程处理效果就会好一些，那么在三点之间如何做出最后的选择，这就面临一个决策。可以根据实际情况或经验选取，也可以采用数学方法算出哪种措施是最佳方案。

3.7　耦合风险性分析

影响耦合风险性的因素包括前期勘察工作量的限制、研究者知识水平的限制、决策者的决策态度限制和人类对于自然认识水平的限制等。前三个因素显而易见，而最后一个因素却常常容易被人们忽略。

由于人们对自然认识水平的限制，对于自然系统人们的认识难以深入全面或目前根本无法认识。这就给人们在风险性分析中制造了一些假象，工程技术人员可能认为某一工程地质问题处理的风险性已经接近0了，但是由于认识的不足，该问题的风险性也许很大，从而引发工程事故。例如，在1928年垮溃的美国圣·佛朗西斯大坝，其原因就是大坝右岸一个不稳定岩体没有认识到，而这一问题就当时的技术水平来说是不可能认识到的。

因此不能不有这样的担心，今天所实施的某些工程建设对于人类和自然来说到底是有益还是有害。也许今天人们认为某工程的兴建利大于弊，但多少年后这一结论是否仍能成立？三峡工程、南水北调工程上马时引起的激烈争论就是这种担心的具体表现。国外目前的一些拆坝工程也体现了人们对于历史的反思。

工程经验在风险性分析中起着重要作用。因为人们可以根据已有的工程经验分析评价工程地质条件及其对工程的影响，并定性地判断所面临的工程地质问题在进行了某种处理后到底有多大的风险性。

对于风险性分析的数学方法，在有关书籍中有专门论述。

3.8　耦合理论与其他学科的关系

工程地质学的基本理论包括诸多内容（图3-14）。在以往的工程地质研究中，前人也曾提出了一些工程地质理论，如岩土（体）结构理论、区域地质演化与稳定理论等。但实际上这些理论都是在某一特定的工程地质环境下是正确的，也就是说工程系统在该特定环境下与工程地质系统达到了耦合，而在另一种条件下就不能耦合了。因此应该说耦合理论是贯穿于工程地质学整个学科的基本理论，是工程地质学通论。

实际上工程地质学与医学有许多相同之处。医学的基本治疗过程是检验—诊断—确诊—治疗—观察反馈几个步骤。工程地质学耦合理论的基本实施步骤是勘察—分析—决策—处理—反馈。但不同的是医学研究与处理的对象是人体，而工程地质学研究与处理的对象是地质体。从某种角度说，地质体要比人体更为复杂，因为人体的结构都是一致的，而地质体却千变万化。因此工程地质学从某种意义上说也许要比医学更为复杂（表3-1）。

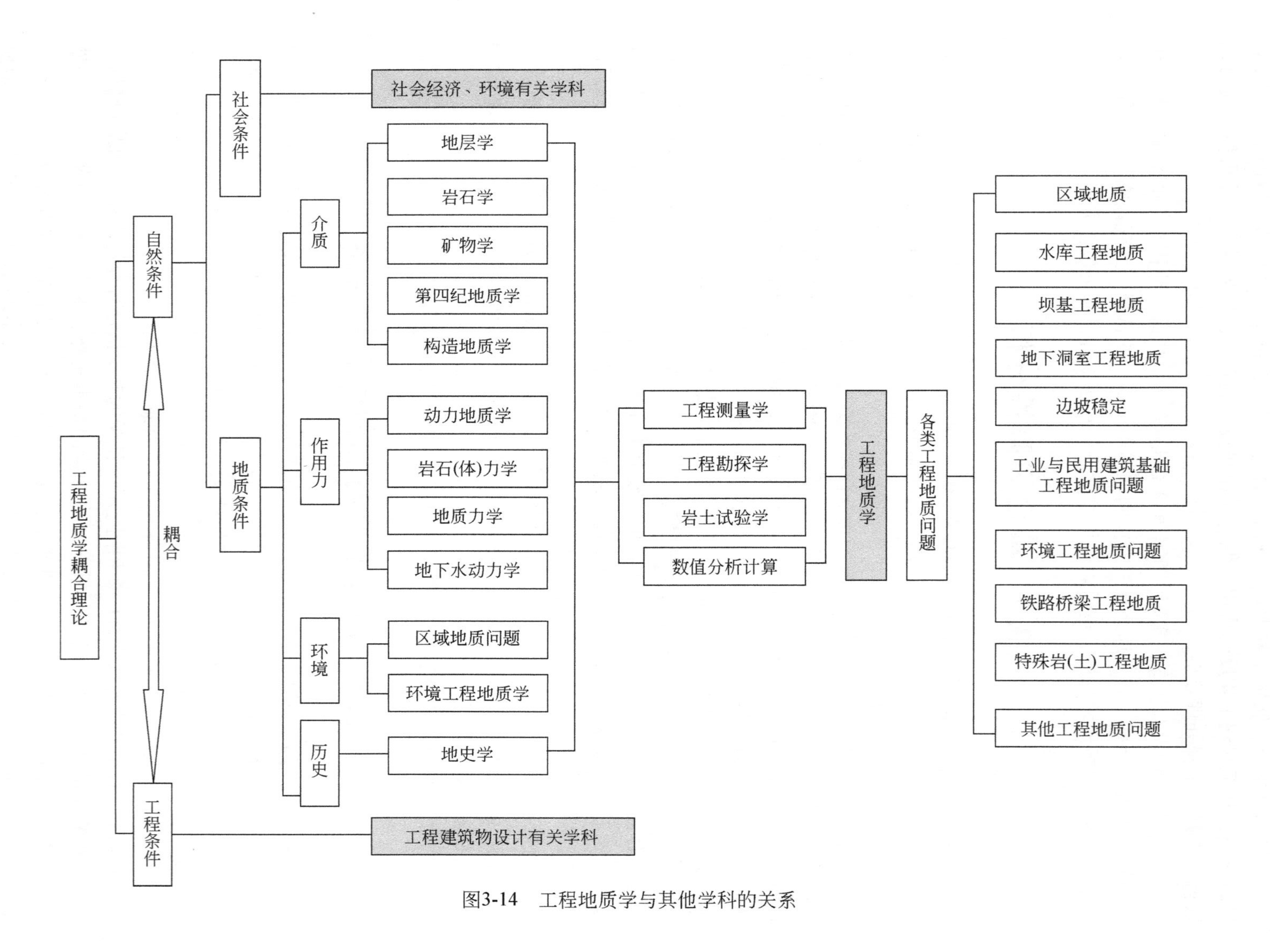

图3-14　工程地质学与其他学科的关系

表 3-1　工程地质学与医学的异同分析

	医学	工程地质学
研究对象	研究与处理的对象是人体	研究与处理的对象是地质体（或地球）
研究过程	基本治疗过程是检验—诊断—确诊—治疗—观察反馈	基本实施步骤是勘察—分析—决策—处理—反馈
终极目标	充分认识自然系统及其系统在某种条件下所发生的变化，并通过人工措施使变化了的系统尽可能地恢复到原来的系统状态，即自然状态	在充分认识了自然系统后，人工地加上另一个系统，并使新的系统与原来的系统达到最佳程度的耦合
可解决性	人的生死规律是人力不可左右的，所以在医学上总有许多不治之症，而且每一个人的最终结局都是死亡	工程地质学从理论上讲，只要有足够的资金，实际工程中的任何工程地质问题都是可以解决的
人类对象的数量	医学通常面对的是人的个体病愈或死亡	工程地质工作中，一旦工程地质出现了问题，可能面对的是一个群体的生存与死亡
对人类生存的影响	医学的研究与进步关系整个人类的繁衍生息	工程地质学由于其使自然环境改变，也已经对人类的生存发展产生了影响
直接性与间接性	对于人类的生命的延续具有直接性	对于人类的生存与发展是间接性的

3.9　工程地质耦合理论与汶川地震后的反思

2008年5月12日14时28分04秒中国四川汶川发生里氏8.0级大地震。根据国家地震局的数据，此次地震的面波震级里氏震级（M_S）达8.0、矩震级（M_W）达8.3，地震烈度达到Ⅺ度。此次地震的地震波已确认共环绕了地球6圈。地震波及大半个中国及亚洲多个国家和地区，北至中国辽宁，东至中国上海，南至中国香港、中国澳门、泰国、越南，西至巴基斯坦均有震感。地震严重破坏地区超过10万km^2，其中极重灾区共10个县（市），较重灾区共41个县（市），一般灾区共186个县（市）。截至2008年9月18日12时，“5·12”汶川地震共造成69227人死亡，374643人受伤，17923人失踪。此次地震是中华人民共和国成立以来破坏力最大的地震，也是唐山大地震后伤亡最严重的一次地震（图3-15）（黄润秋等，2009）。

四川西部地区构造纲要图标示了龙门山推覆构造的位置（图3-16），汶川地区大地构造纲要图见图3-17。

汶川地震后相关部门大量专家开始了大量深入的研究，已经取得了丰硕的成果。

汶川地震的发生给人民的生命财产造成了巨大的损失，对生态环境造成了严重的破坏。地震过后，我们应当对这场大地震做以反思，特别是对人类行为——工程建设与自然环境的耦合性。工程地质工作研究的对象是过去，但我们研究的目的是未来。通过对过去的反思，应该对未来我们怎样做寻找一些借鉴。

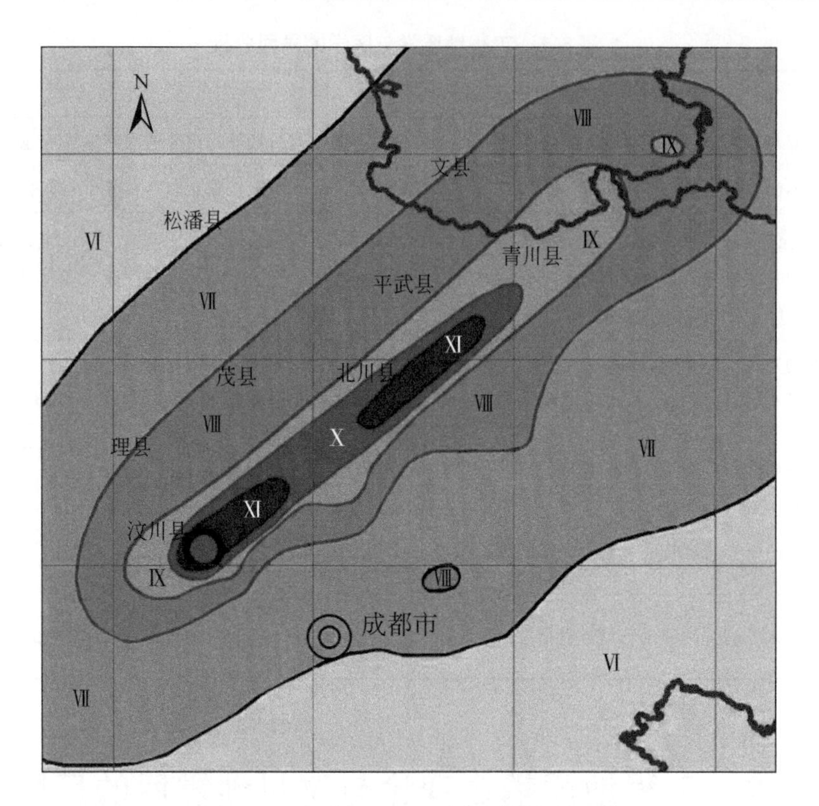

图 3-15　汶川 8.0 级地震实际烈度分区①

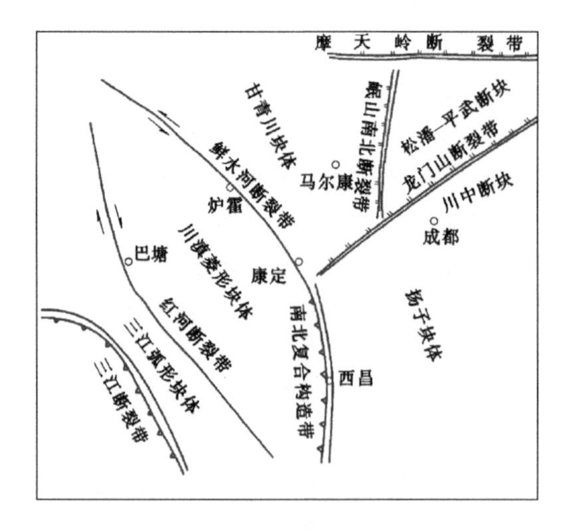

图 3-16　四川西部地区构造纲要图（据国家地震局分析预报中心）

① 中国地震局，2008，汶川 8.0 级地震烈度分布图。

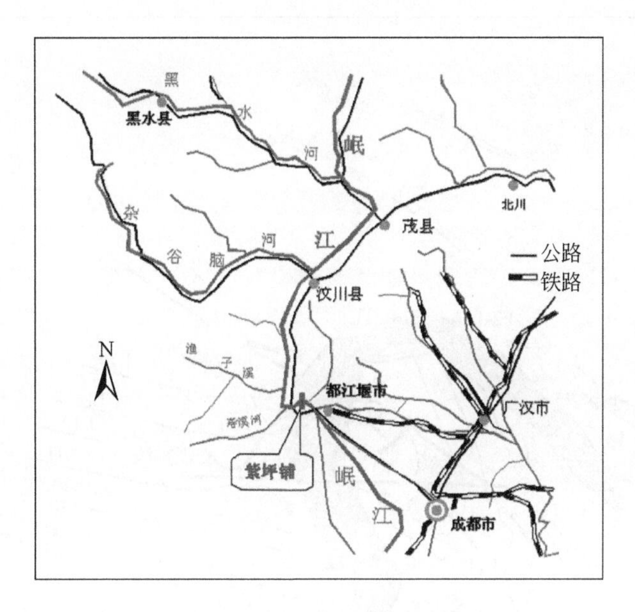

图3-17　汶川地区大地构造纲要图

3.9.1　从紫坪铺水库的震损情况看建筑物选址与区域构造的耦合

1. 紫坪铺水库概况

紫坪铺水库是一个以灌溉、供水为主，结合发电、防洪、旅游等的大型综合利用水利枢纽工程。水库正常蓄水位为877m，最大坝高为156m，总库容为11.12亿m^3。电站装机容量76万kW。

2. 区域地质背景

紫坪铺水利枢纽工程位于四川西部著名的龙门山构造带中南段，这条断裂带延伸长达500km，是发震断裂，构造破坏强烈，具有长期的活动性和继承性，并常见有差异性新构造活动，坝区地质构造极为复杂，构造稳定性一度引起高度关注。紫坪铺枢纽区地质简图见图3-18，龙门山构造示意图见图3-19。20世纪50年代曾产生过激烈的争论，分歧严重，长期以来意见不统一，没有定论。苏联专家曾提出紫坪铺坝段F1、F2、F3断层多以0°～60°倾角的逆推断层为主，破碎带宽达数十米，甚至百米以上，断距由500m至数千米不等，由这些主要断裂线所构成的构造块体，还发育着一系列不同类型的次一级断层，其相互割切造成了本区的叠瓦式断裂带，其中F3断层带为基底式断裂，断距达18km以上，具有新活动性，是发震构造，坝区地震烈度高达Ⅸ度以上，不宜修建高坝。甚至在紫坪铺工程建设期间还有专家通过四川省委统战部、四川省水利厅转达“质疑紫坪铺水库工程基本烈度”意见，认为“坝区地震基本烈度应是Ⅸ度，或Ⅸ度以上，坝区属地壳不稳定区”。

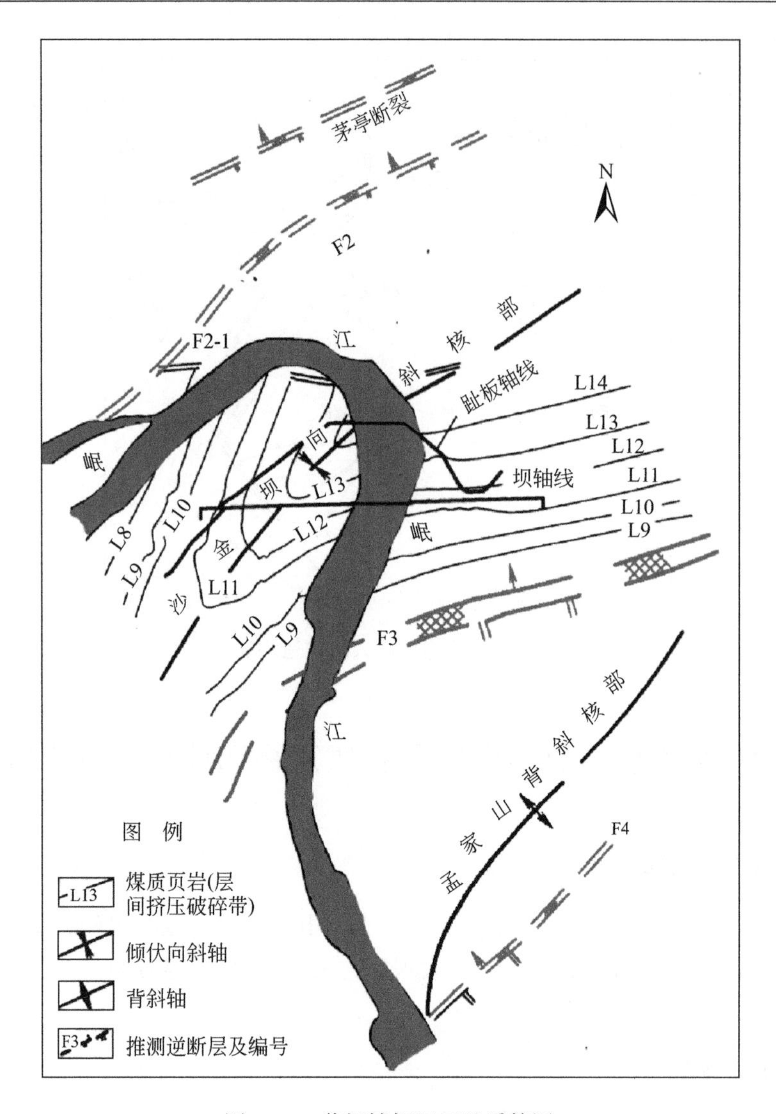

图 3-18　紫坪铺枢纽区地质简图

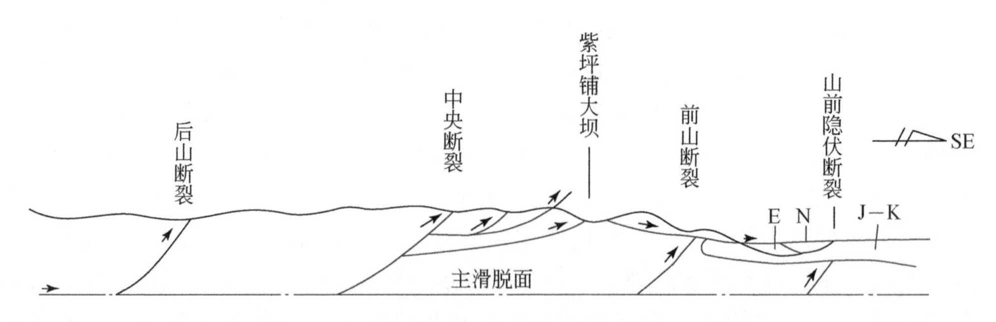

图 3-19　龙门山构造示意图（据国家地震局分析预报中心）

由于紫坪铺工程位置特殊，下游即为都江堰和成都市，修建高坝后，库水位抬升较大，是否会诱发强烈地震，对工程造成严重危害也是一个非常重大的问题。

在地震发生的过程中，对紫坪铺大坝安全稳定产生影响的因素主要是两个方面：一是坝区断裂展布与坝址位置的选择；二是坝轴线方向与地震波的传播方向。从另一个角度来说，如果在大坝的建设阶段——勘察设计过程中设计者对这两个问题有所考虑并采取了正确方案，则是此工程建筑系统对自然系统实现了最佳的耦合。

3. 紫坪铺大坝受损情况

汶川地震后，紫坪铺大坝感受到强烈振动，远远超过原设计地震加速度的水平。大坝的基本蓄水功能没有受到很大影响，但产生了一定的局部震损（宋彦刚等，2009），其主要表现在以下几个方面。

（1）大坝发生较明显震陷，最大沉降量为 744. 3mm，位于大坝最大断面坝顶附近；坝坡向下游方向发生水平位移超过 300mm。

（2）面板与河谷接缝（周边缝）处发生较大位移，右坝肩 745. 0m 高程附近（接近河谷底部）周边缝错动较明显；部分面板间的结构缝也发生错台，并发生挤压破坏。

（3）845m 高程二、三期混凝土面板施工缝错开，最大错台达 17cm；部分混凝土面板与垫层间有脱空现象，最大脱空达 23cm。

（4）坝顶防浪墙基本完好，个别部位发生挤压破坏和拉开现象，坝顶下游侧交通护栏大部分遭到破坏。

（5）靠近坝顶附近的下游坡面干砌石块松动并伴有向下的滑移。

（6）渗漏量较地震前有所增加，但总量不大。

枢纽区位于北东向龙门山构造带中南段东侧，北川-映秀断裂与安县-灌县断裂之间的赵公山向斜北东段的扬起端。其构造形式主要由北东向短轴褶皱和与之平行、倾向北西的一系列逆冲断层，以及层间剪切错动带组成。

枢纽区无大的区域性断裂通过，F3、F2、F2-1 和 F4 断层长约数千米，宽数米至数十米不等，其延伸方向除 F2-1 外，多呈北东向展布，力学属性以压扭性为主。这些断层虽具有一定规模，为枢纽区骨架断层，但其延伸长度和切割深度有限，均属区域主干断裂之派生次级小断层；断层通过处其上覆 Ⅰ ~ Ⅳ级阶地沉积物均无构造变动迹象或明显反映。经地质-地貌学、断层活动年龄测试和地形变资料等综合判定，F2、F1 断层第四纪以来没有活动显示，F3 断层在 150 万年前曾有过微弱有活动，F2-1 断层 30 万年以来没有活动。研究表明：F3 等断层属于浅表断层，不是切穿地壳的基底断层，不具新活动性，也不是发震断层。枢纽区具备兴建高土石坝的条件，坝区主要断层有 F1、F2、F2-1、F3、F4 等，根据地壳结构、深断裂规模、活动断层时代及地震烈度影响等综合判定，紫坪铺坝区断层至少在 22 万年以来没有活动过，特别是 F3 断层在 150 万年以来未曾活动。

4. 紫坪铺大坝坝址选择的耦合性分析

（1）大坝总体来说位于活动的构造带上，但枢纽区无活动性断层，处于相对稳定的区间或地块上；

（2）大坝处于龙门山断裂带的下盘，其相对稳定；

（3）大坝采用了抗震性较好的面板堆石坝；

(4) 震中到大坝地震波的传播方向与坝轴线近于平行，大坝面板在这个方向上抗震性能较强（图 3-20、图 3-21）；

(5) 工程设计具有一定的安全裕度。

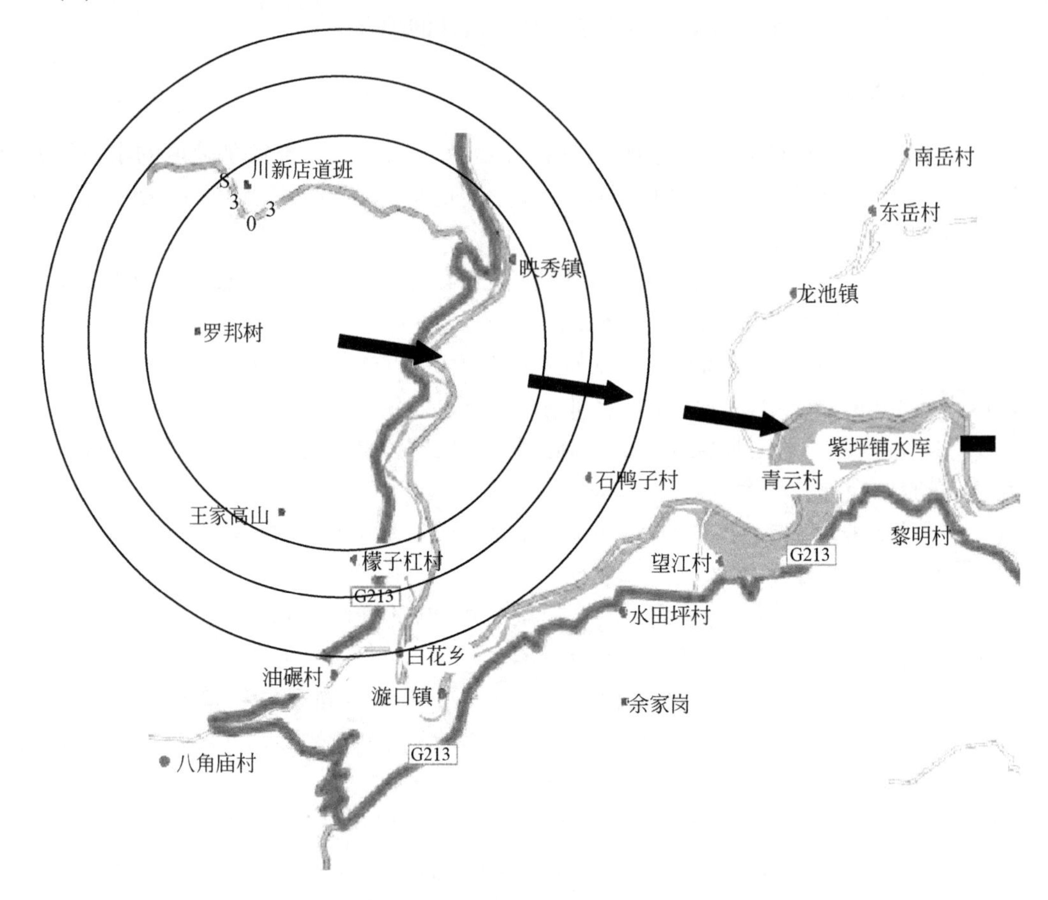

图 3-20　地震波传播方向与坝轴线的关系

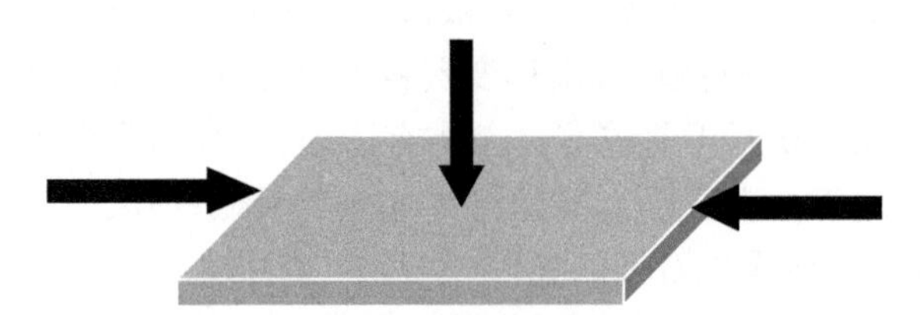

图 3-21　地震波对大坝面板的作用力方向

3.9.2　从中小型水库的震损情况看建筑物形式与地震环境的耦合

1. 汶川地震后中小型水库的震损情况统计资料

汶川地震除去对大型水库——紫坪铺水库的破坏，也使四川绵阳、德阳、广元等地数千座水库出现险情，其中有248座水库为高危险情（表3-2）。这严重危及了水库下游数百万人民生命财产安全，水库除险工作刻不容缓①。

表3-2　汶川地震水库震损情况统计表　（单位：座）

	总数	绵阳	德阳	广元	其他地区
溃坝风险	59	34	21	4	0
高危险情	189	102	38	32	17
合计	248	136	59	36	17

2. 土坝对强震的适宜性及耦合性分析

通过对上述中小型水库震损情况的调查发现，尽管在地震过程中水库震损严重，但经过及时的抢修无一座大坝溃坝。同时也认识到，当地材料坝——土石坝具有较好的抗震性能和震后的自愈能力。

（1）土石坝抗震性能较好的坝型，对强震区的地震地质条件有极好的适应性；

（2）土石坝在地震发生时有振捣加密效应；

（3）土石坝在地震后对于较小的震损有自愈作用。

3.9.3　从北川县城选址谈城镇选址与地质灾害环境的耦合

1. 北川县城搬迁史与地质灾害

北川羌族自治县（北川县）位于四川盆地西北部，至今已有1400多年建县历史。而县城搬到曲山镇，不过是70多年前的事。

1952年9月，北川县城由治城迁往东南20多千米处的曲山。关于此次搬迁的具体原因，尚不得而知。一种说法是与此前北川的匪患有关，搬到交通相对便利的曲山以后，情况危急时可以更快地得到支援。

但后来的事实证明，县城选址曲山是一个错误的决定。曲山镇坐落在崇山峻岭之间的狭窄地带，周围密布滑坡体，即使没有地震，也不是一个安全的居住地。

2. 城镇选址与地质灾害环境的耦合

四川省绵阳市水利系统的张德藩在1992年《水利水电技术报导》上发表的一篇论文中指出，由于山高坡陡，处在断裂带上，地质环境复杂，曲山镇历史上曾多次发生严重的崩塌、滑坡和泥石流等山地灾害。成为北川县城之前，这里的居民不到500人（张德藩，1992）。

实际上，曲山镇成为县城以后，各种山地灾害并未停息。到了20世纪80年代，更

① 水利部水利水电规划设计总院震损水库应急除险方案编制工作设计指导组，2008，设计指导文件1-9号。

有专家到北川考察，指出北川处在龙门山地震断裂带上，县城则被裹胁在山体之间，非常危险。一种普遍的忧虑开始在县城居民中蔓延，那就是北川县城可能被山体垮塌“包饺子”。

20世纪80年代后期，北川县曾提交报告，申请搬迁县城。而搬迁候选地址之一的擂鼓镇，更为靠近地势平缓的地带，在此次地震中房屋倒塌和人员伤亡的情况明显好于曲山镇。不过，由于拿不出搬迁经费，加上专家在北川县城是否需要搬迁的问题上存在争论，搬迁计划就此夭折。

北川县城所在地的曲山镇三面临山、一面环水，乃弹丸之地。当时曲山镇城区仅为$1km^2$，随着城市规模继续发展，老城区的可建设用地已消耗殆尽。县城只好跨过湔江，在对岸的茅坝拓展新城区。而茅坝北靠景家山滑坡，也是一个险地。

即使是在这种恶劣的地质条件下，决策者依然同意了北川县城迅速扩张的蓝图。到2005年底，北川县城市建设用地面积约为$1.6km^2$，而根据四川省建设厅批复的北川县城市总体规划，到2020年，其建设用地规模将达到$4.1km^2$。

当然，人们并未完全忘记地质灾害的风险。北川县国土资源局一份公开的材料显示，该局“对重点地质灾害点的治理高度重视，多次向上级反映汇报”，并于2004年对北川县城老城区的王家岩滑坡进行了治理。

2005年，王家岩滑坡被列入省级重点工程治理项目，获得152万元防治专项资金。2006年7月，抗滑桩、挡墙、排水沟等工程设施修建完成。但面对一场特大地震引发的山体崩塌和滑坡，王家岩滑坡治理工程所起的作用毕竟有限，北川县城被无情地淹没。

一位在地震中失去了十多位亲人的幸存者痛心地说：“如果不是山体垮塌，县城不会死那么多人。”中国地震局工程力学研究所所长王自法博士在接受《科技日报》采访时也认为：“受灾最重的北川有一半损失是由地质灾害造成的”。

在中国，约有三分之二的陆地面积为山地丘陵，加上降雨在空间和时间上分布不均，地质灾害是一种比地震更为常见的威胁。

对于那些受到地质灾害威胁的地区，在乡村和城镇的选址和建设中，当极力避免重蹈北川覆辙。但现实状况令人忧虑。

在地质灾害防范方面，中国欠下了太多旧账。由于历史原因，一些城镇、村舍的选址和建设并未经过科学调查。在一些山区，人们在扩建城镇和修建工程时仍然不顾地质条件，在本身就不稳固的滑坡体上大挖大填，加剧了地质灾害的发生。

3.9.4　从公路选线及边坡处理形式谈公路与地质环境的耦合

1. 地震中公路的破坏

公路是抗震救灾的生命线，由于道路损毁严重，救灾部队、人员和医疗、生活物资迟迟不能进入，使人民的生命得不到及时的救护，使无数人因此丧生。据国土资源部2008年5月14日晚组织专家连夜对四川省地震灾区航空遥感影像图解译显示，汶川地震中北川、汶川两县县城及周边倒塌房屋69片，每片面积$500\sim10000m^2$不等；10万m^3体量的山体崩塌与滑坡 19 处；崩塌滑坡体堵塞北川县城周边湔江 7 处，在强降雨情况下可能引发溃坝。其中公路桥梁受损 38 处，损毁里程 5390m。

2. 公路建设与工程地质条件的耦合分析

（1）公路的选线对地质条件的适应性；
（2）边坡治理的设防烈度；
（3）公路规模（宽度）与地质条件的适宜性；
（4）公路、桥梁、隧洞的选择与工程地质条件的适应性；
（5）公路边坡的处理方式与稳定系数确定对地质条件的适宜性。

3.9.5 从震区房屋破坏看房屋选址及房屋结构形式与地震地质条件的耦合

汶川大地震这场巨大的灾难所引发的严重伤亡，再次引发了人们对于自己日夜栖身的各种建筑抗震性的关注。地震专家对历次地震的分析显示，人员伤亡总数的95%以上是由各种房屋的抗震能力不足造成的。我们居住的房屋结构抗震性到底如何？需要人人去关注。

1. 房屋结构与抗震性

我们生活中所居住的房屋，高度和用途以及建筑时间的不同，造成了结构的不同，同时也决定了房屋的抗震能力不尽相同。各种房屋抗震性能见表 3-3。

表 3-3　各种建筑结构抗震性能比较

结构类型	抗震级别	特点	应用
钢结构	★★★★★	钢结构是以钢材为主要结构材料。钢材的特点是强度高、重量轻，同时由于钢材料的匀质性和强韧性，可有较大变形，能很好地承受动力荷载，具有很好的抗震能力	钢结构建筑的造价相对较高，目前应用不是非常普遍；一般的超高层建筑（100m 以上）或者跨度较大的建筑通常应用钢结构
剪力墙结构	★★★★	剪力墙是用钢筋混凝土墙板来承担各类荷载引起的内力，并能有效控制结构的水平力，这种用剪力墙来承受竖向和水平力的结构称为剪力墙结构	剪力墙结构在高层（10 层及 10 层以上的居住建筑或高度超过 24m 的建筑）房屋中被大量运用
框架结构	★★★	钢筋混凝土浇灌成的承重梁柱组成骨架，再用空心砖或预制的加气混凝土、陶粒等轻质板材作隔墙分户装配而成。墙主要是起围护和隔离的作用，由于墙体不承重，所以可由各种轻质材料制成。框架结构中，还有一种框剪结构，又名框架–剪力墙结构，它是框架结构和剪力墙结构两种体系的结合，吸取了各自的长处，既能为建筑平面布置提供较大的使用空间，又具有良好的抗力性能。这种结构的住房有很好的抗震性	框架结构在现代建筑设计中应用较为普遍，我们所见的大多数建筑都是框架结构

续表

结构类型	抗震级别	特点	应用
砖混结构	★★	砖混结构中的“砖”，是指一种统一尺寸的建筑材料，也包括其他尺寸的异型黏土砖、空心砖等。“混”是指由钢筋、水泥、沙石、水按一定比例配制的钢筋混凝土配料，包括楼板、过梁、楼梯、阳台。这些配件与砖做的承重墙相结合，所以称为砖混结构。砖混结构住宅一般以多层（24m 以下，住宅 10 层以下）住宅为主，其抗震性能比起上述三者相对弱一些	砖混结构一般应用在多层或者跨度不大的建筑中，但由于砖混结构的房屋格局死板，墙面不能改动，加之近些年框架结构以及剪力墙结构应用得越来越普遍，在城市建设中已经很少应用砖混结构，目前我国城郊的一些建筑中还是砖混结构

2. 对提高建筑物抗震防灾能力的建议

（1）应合理确定结构抗震设防标准，使每一个结构都具有一定的抗震能力；

（2）制订好抗震防灾规划；

（3）对边缘诚信的技术人员普及抗震设计规范的基本原理和设计内容；

（4）加强对执行设计规范、施工验收规范的监督和管理，确保设计和施工质量；

（5）适当提高大开间、大间房屋的抗震设防标准，主要应体现在抗震措施上，对重要构件要提高抗震安全等级；

（6）抗震设防设计准的部分内容应该进行修改；

（7）对建筑结构体系不合理，抗震能力弱的学校建筑应及时进行抗震鉴定和加固；

（8）对现有旧建筑进行抗震评估，根据评估结果分期分批进行抗震加固，需要继续排列的工作有加固新技术研究和应约，新型加固材料和工艺技术研究，加固设计理论的基础研究，加固技术标准的修订，重点是公共建筑的抗震评估和加固，但对大面广的居民住宅抗震加固也应引起高度重视，可以结合旧区改造进行。

3. 工程建设标准强制性条文——房屋抗震设计

在《建筑抗震设计规范》（GB50011—2010）中，对建筑物的抗震设防做了以下规定：

1.0.2　抗震设防烈度为 6 度及以上地区的建筑，必须进行抗震设计。

1.0.4　抗震设防烈度必须按国家规定的权限审批、颁发的文件（图件）确定。

3.1.1　建筑应根据其使用功能的重要性分为甲类、乙类、丙类、丁类四个抗震设防类别。甲类建筑应属于重大建筑工程和地震时可能发生严重次生灾害的建筑，乙类建筑应属于地震时使用功能不能中断或需尽快恢复的建筑，丙类建筑应属于除甲、乙、丁类以外的一般建筑，丁类建筑应属于抗震次要建筑。

3.1.3　各抗震设防类别建筑的抗震设防标准，应符合下列要求：

1 甲类建筑，地震作用应高于本地区抗震设防烈度的要求，其值应按批准的地震安全性评价结果确定；抗震措施，当抗震设防烈度为 6～8 度时，应符合本地区抗震设防烈度提高一度的要求，当为 9 度时，应符合比 9 度抗震设防更高的要求。

2 乙类建筑，地震作用应符合本地区抗震设防烈度的要求；抗震措施，一般情况下，当抗震设防烈度为6～8度时，应符合本地区抗震设防烈度提高一度的要求，当为9度时，应符合比9度抗震设防更高的要求地基基础的抗震措施应符合有关规定。

对较小的乙类建筑，当其结构改用抗震性能较好的结构类型时，应允许仍按本地区抗震设防烈度的要求采取抗震措施。

3 丙类建筑，地震作用和抗震措施均应符合本地区抗震设防烈度的要求。

4 丁类建筑，一般情况下，地震作用仍应符合本地区抗震设防烈度的要求；抗震措施应允许比本地区抗震设防烈度的要求适当降低，但抗震设防烈度为6度时不应降低。

3.9.6　从唐家山堰塞坝的处理看耦合理论决策准则与风险性分析

1. 唐家山堰塞坝形成机制

根据长江勘测规划设计研究院报告①，本区位于四川盆地西北边缘地区，属典型的中、高山峡谷地貌。唐家山堰塞坝位于北川县城以北约4.6km的通口河上。通口河系涪江右岸一级支流，总体上由西向东流经本区，河道狭窄，河床平均纵坡降3.57‰，河谷深切，河谷横断面呈“V”形，谷坡陡峻。

唐家山堰塞坝是由基岩顺层滑坡堆积形成。早期地质调查表明：右岸边坡下部为寒武系清平组长石石英粉砂岩及硅质板岩，岩层倾向左岸，倾角为40°～60°；上部分布较厚的残坡积层。“5·12”汶川地震的作用引起滑坡，使该部位山体整体下滑，堵塞通口河道，形成堰塞湖。滑坡壁高约634m，滑床为基岩层面（图3-22）。

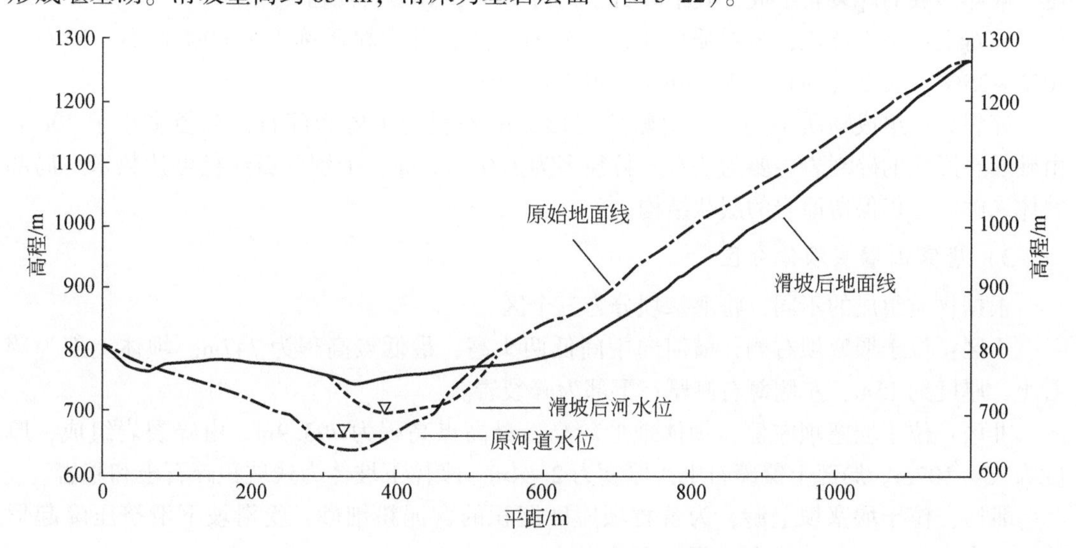

图3-22　北川县唐家山堰塞坝工程地质横剖面简图

① 长江勘测规划设计研究院，2008，唐家山堰塞湖地质勘察报告。

唐家山滑坡顺河向宽800m，滑体高速下滑冲向左岸，顺坡爬高约140m，原坡体下部基岩主要堆积在左侧，上部基岩和残坡积碎石土堆积在右侧，形成左高右低的堰塞坝体。滑坡下滑时产生的巨大泥沙水流和气流冲上左岸，将原山坡上的植被刷尽。

唐家山滑坡下游一部分在下滑时没有直接冲向左岸，而是向下游偏转了近90°，在下游坝坡上可见未解体的碎裂岩倾向下游。

唐家山滑坡上下游滑坡已发生滑动但并未滑下。

2. 唐家山堰塞坝基本特征

1）唐家山堰塞坝形态

堰塞坝体平面形态为长条形，顺河长约803m，横河宽最大约611m，平面面积约30万m^2，坝高为82～124m，体积约2037万m^3。

堰塞坝顶面宽约300m，地形起伏较大，横河方向左侧高、右侧低，左侧最高点高程为793.9m、右侧最高点高程为775m。顺河方向有一沟槽，贯通上下游，沟槽为向右弯曲的弓形，沟槽底宽为20～40m，中部最高点高程为752.2m。

堰塞坝上游坝坡水上长约200m，坡较缓，坡度约20°（坡比约1∶4）。下游坝坡长约300m，坡脚高程为669.55m，上部陡坡长约50m，坡度约55°，中部缓坡长约230m，坡度约32°，下部陡坡长约20m，坡度约64°，平均坡比为1∶2.4。

除右侧沟槽外，下游坝坡左侧和中部各分布一沟槽，长约400m、宽为10～20m。

2）唐家山堰塞坝体物质组成

唐家山堰塞坝体由原山坡上部残坡积的碎石土和下寒武统清平组上部基岩经下滑、挤压、破碎形成的碎裂岩组成，其中碎石土约占14%，碎裂岩约占86%。

碎石土：呈土黄色，由粉质壤土、块碎石组成，其中粉质壤土占60%左右，碎石占30%～35%，块石（粒径为5～20cm）占5%～10%。

碎裂岩：组成物质不均一。由软质岩形成的碎裂岩主要为碎石，粒径多小于20cm。由硬质岩形成的碎裂岩主要为块石，粒径多为1.0～3.0m，个别巨石粒径可达数米。局部岩体未解体，仍保留原岩的层状结构。

3）唐家山堰塞坝体分区

根据物质组成的不同，将堰塞坝分为三个区。

Ⅰ区：位于堰塞坝右侧，横河向中间低两头高，最低点高程为747m。坝体上部为碎石土，厚度约15m，左侧薄右侧厚；下部为碎裂岩。

Ⅱ区：位于堰塞坝左侧，坝体地形较高，最高点高程为793.9m。由碎裂岩组成，厚度为35～107m。局部上覆碎石土，厚度为2～4m。坝体下坡体为残坡积碎石土和基岩。

Ⅲ区：位于堰塞坝上游，为苦竹坝库区沉积的含泥粉细砂，受滑坡下滑挤压隆起形成，分布于730～740m高程以下的上游坝坡。

3. 唐家山堰塞湖溃坝风险分析

唐家山堰塞湖形成以后，引起了各方的关注，因为堰塞坝一旦失稳，堆积体在洪水的裹挟下将直向下游沿湔江、盘江、涪江宣泄，不仅沿江两岸的村落厂矿将遭受灭顶之灾，而且会直接威胁65km以外四川北部重要城市——绵阳的安全。绵阳是一个拥有人口近500万的地级市，是四川第二大经济体，而且在这个城市及其附近有诸多的重要的军事设施。如果绵阳遭受堰塞湖溃坝灾害，其后果不堪设想。因此政府及有关方面举全国之力，甚至引进了国外大吨位直升机对唐家山塞坝进行处理。

但是当时堰塞湖是否会失稳，是完全失稳或是部分失稳，其看法不一。决定是否失稳和失稳程度的一个重要因素是堆积堰塞坝的物质组成。初步了解，组成堰塞坝的物质主要是碎石（含块石）和沙土。根据堰塞坝的形成机理，一般来讲应该是堰塞体上部为沙土下部为块石，或者是上部沙土含量大，而下部块石含量大。块石结构强度高，透水，相对稳定；而沙土则正好相反。所以对于溃坝与否或溃坝程度的大小主要取决于堰体中块石和沙土的比例 x，也取决于下部块石层的分布厚度占堰高的比例 y。

针对以上分析，对岩体的物质组成做出了几种假设，估算其可能发生的概率（P），并据此判定可能产生溃坝的程度。有关方面又根据溃坝程度计算可能遭受灾害的人口数量。做出的风险分析如图3-23所示。

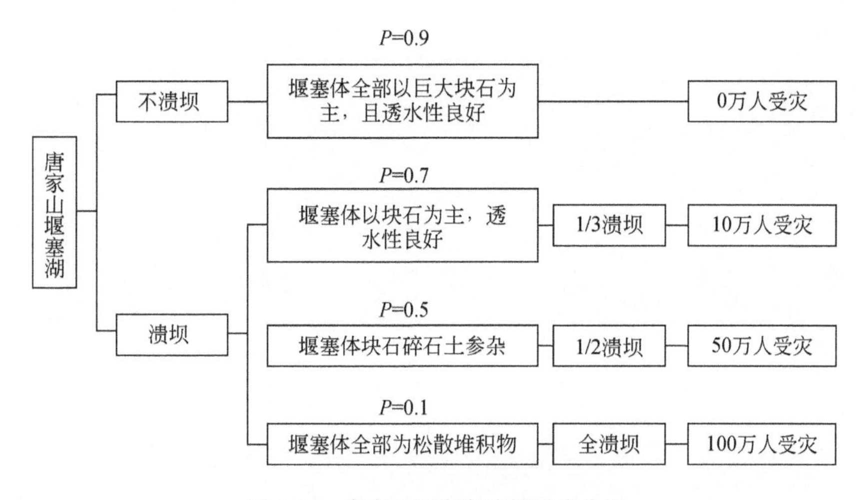

图3-23　唐家山堰塞湖溃坝风险分析

为了绝对保证人民生命财产和国家重要设施的安全，唐家山堰塞湖最后采取了最为稳妥的处理方案——人工决堰，使堰塞坝内形成的水体逐步下流，避免突然溃坝产生灾害的风险。

4. 唐家山施工处理方案与工程地质条件的耦合分析

（1）唐家山与堰塞坝体的物质组成及结构是堰塞坝稳定性的基础；

（2）施工处理方式的选择和开挖规模也与坝体结构密切相关；

（3）在最大限度地保证坝体整体稳定的情况下，选择风险最小、最为快速、造价最省的施工方案，即工程处理方案与工程地质条件做最佳耦合。

3.9.7　汶川地震后看今后工程地质工作应注意的问题

（1）要注意和加强区域地质特别是地震稳定性的调查，研究地震对工程建筑物可能的影响；

（2）在高抗震设防烈度地区（>7 度），要充分考虑地震对建筑物稳定的影响；

（3）公路工程应做好工程地质条件的区域普查，做到面-线-点的结合，在不同地区选择北川同形式的公路；

（4）建筑物的结构形式要对可能发生的地震有较强的适应性。

汶川地震后的反思：我们不要再枉谈什么人定胜天。我们要尽可能充分地认识自然、适应自然，达到人与自然的和谐发展——工程系统与自然系统的最佳耦合。而且我们相信：如果人类工程能与自然系统的耦合程度高一些，大自然对人类的惩罚就会少一些，人类因地质灾害所遭受的损失也会少一些。

第4章　工程地质条件复杂程度分级

在工程地质勘察与相关工程地质问题的研究过程中，常常使用这样一个表述——某某区域或某某部位工程地质条件复杂。但是什么叫作“工程地质条件复杂”？这却是一个模糊概念。不同的人有不同的理解和判断，甚至面对同一地质体，有的人认为“复杂”，有的人认为“简单”。

这里应该首先明确一下工程地质条件复杂程度与工程地质条件优劣的差别。前者讲的是复杂——地质因素的多少及相互关系，或者讲的是优劣——地质条件的好坏。例如，一个淤泥层，其工程地质条件并不复杂，但其工程地质条件很差。在我们以往的工作中常常把两个概念混淆，把工程地质条件较差的地质体称为工程地质条件复杂；而当谈及工程地质条件复杂时，其潜台词是这里的工程地质条件较差。

本章内容试图用定量指标，将工程地质条件复杂程度做以分级。

但应说明的是，本章论及的工程地质条件复杂程度划分方法主要适用于层状岩体的沉积岩、变质岩等，非层状岩体（如火成岩）可参考使用。岩溶地区和第四纪松散堆积层不适合此分类方法。

4.1　工程地质条件复杂程度划分的几个概念

4.1.1　复杂度定义

影响工程勘察可查清程度或勘查准确度的因素及其影响程度称为复杂度。

4.1.2　工程地质条件复杂程度分级

工程地质条件复杂程度分为五级，即复杂、较复杂、一般、较简单、简单。

4.1.3　评价范围

复杂度的评价是针对某一地质体，即界定的岩体内。它可以是一个地质体，也可以是一个地质面。

4.1.4　评价项目

工程区的工程地质条件复杂程度可用岩性、褶皱、断层（软弱岩带）、裂隙、地下水和其他特殊项目六项指标描述。其中软弱岩带与断层具有相似的分布状态和物理力学性质，合并作为一项考虑。其他特殊项目可针对实际情况专门设定。

4.2　工程地质条件复杂程度各评价项目指标的计算

4.2.1　岩性

工程区岩性种类的多少是影响工程地质条件复杂程度的最基本因素之一，只有一两种岩性的地区，工程地质条件相对简单，而在同一工程区岩性繁多，工程地质条件就要复杂得多。在某一工程区，统计具有工程地质意义的地层（或岩性）数量，依据地层（岩性）数量的多少，赋予不同的分值，如表4-1所示。

表4-1　工程区地层岩性数量及其赋值表

岩性数量	1种	2种	3种	4种	≥5种
分值	1～2	3～4	5～6	7～8	9～10

4.2.2　褶皱

为了表述岩体（层）产状的复杂程度，提出褶曲度的概念，用 M 表示。

褶曲度（M）用以描述岩层的弯曲程度，层状岩体中的单斜地层 $M=1$，弯曲地层 M 值变大，褶皱地层 M 值最大。

褶曲度（M）以层状岩体为基础推算，块状或其他类岩体参考使用。

分别用 a_1、b_1 表示一弯曲的层的弧高和弦长，用 a_2、b_2 表示一个大褶曲中的二级褶曲的弧高和弦长，则不同褶皱形态的 a_1、b_1、a_2、b_2 值特征如图4-1所示。

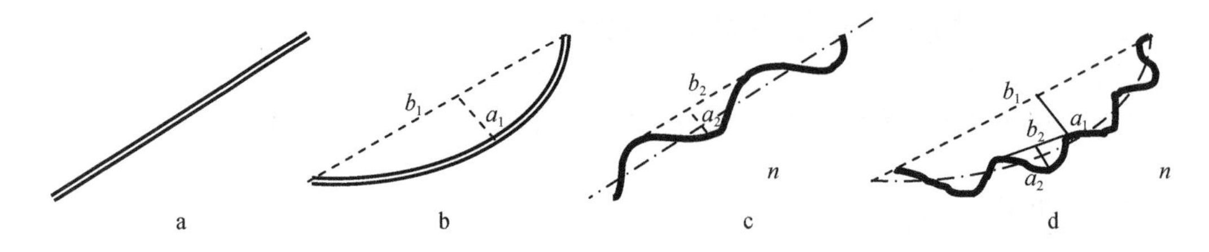

图4-1　层状地层的不同弯曲形态

a. 单斜地层，$a_2=0$，$b_2=\infty$，$a_1=0$，$b_1=\infty$；b. 弯曲地层，$a_2=0$，$b_2=\infty$；c. 单斜弯曲地层，$a_1=0$，$b_1=\infty$；d. 褶曲地层

假设从勘探点到推测点间的褶曲数有 n 个，则图4-1d中的褶曲地层的褶曲度为

$$M=n\left(1+\frac{a_1}{b_1}\right)\left(1+\frac{a_2}{b_2}\right)\quad (M\geqslant 1) \tag{4-1}$$

如 $n=1$，$a_1=0$，$a_2=0$，即单斜地层时（图4-1a），$M=1$。

实际上，对于多级的褶曲数，可以表示如下。

一级褶曲（图4-1a）：

$$M=1+\frac{a_1}{b_1} \tag{4-2}$$

二级褶曲（图4-1d）：

$$M=n\left(1+\frac{a_1}{b_1}\right)\left(1+\frac{a_2}{b_2}\right) \tag{4-3}$$

同理，三级褶曲：

$$M=n_1 n_2\left(1+\frac{a_1}{b_1}\right)\left(1+\frac{a_2}{b_2}\right)\left(1+\frac{a_3}{b_3}\right) \tag{4-4}$$

其余类推。

依据工程区地层褶曲度（M）的不同，其赋值如表4-2所示。

表4-2　工程区地层褶曲度（M）及其赋值表

褶曲度（M）	$1\leqslant M<2$	$2\leqslant M<3$	$3\leqslant M<4$	$4\leqslant M<5$	$M\geqslant 5$
分值	1~2	3~4	5~6	7~8	9~10

4.2.3　断层（软弱岩带）

断层（软弱岩带）用发育密度、发育规模（断层率）及与围岩强度反差三项指标表述。

1. 断层（软弱岩带）发育密度

1）断层发育密度

在某一典型剖面内，某一规模（宽度）的断层在单位长度内断层发育的条数，称为断层发育密度，用 d_i 表示，如表4-3所示。

表4-3　工程区断层发育密度（d_i）

断层发育程度	<条/200m	条/200m—条/100m	条/100m—条/50m	条/50m—条/10m	>条/10m
断层发育密度（d_i）/（条/m）	<0.005	0.005~0.01	0.01~0.02	0.02~0.1	>0.1

断层宽度可分为<2cm、2~10cm、10~50cm、50~100cm和>100cm五个级别。对不同宽度的断层分别进行统计计算，可得出各级别断层的分布密度，并得出工程区断层密度分布图（图4-2）。

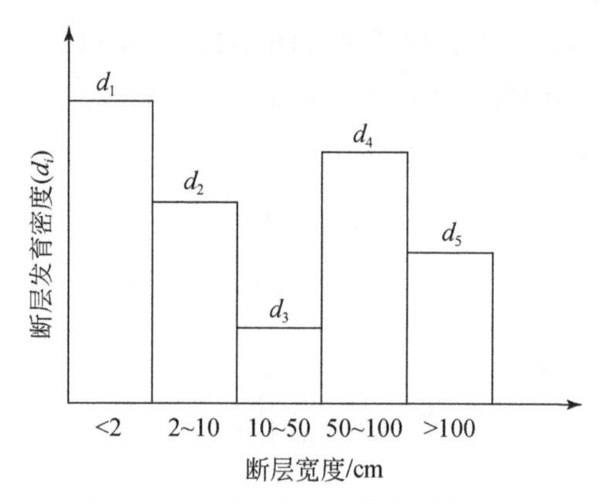

图 4-2 不同宽度的断层密度分布图

2）断层平均发育密度

各种规模的断层发育密度的平均值称为断层平均发育密度，用 $\bar{s}$ 表示。

$$\bar{s} = \frac{1}{n}\sum_{i=1}^{n} d_i$$

依据工程区断层不同的断层平均发育密度其赋值如表 4-4 所示。

表 4-4 工程区断层平均发育密度及其赋值表

断层平均发育密度（$\bar{s}$）/(条/m)	<0.005	0.005 ~ 0.01	0.01 ~ 0.02	0.02 ~ 0.1	>0.1
分值	1 ~ 2	3 ~ 4	5 ~ 6	7 ~ 8	9 ~ 10

2. 断层（软弱岩带）发育规模

工程区断层规模对工程的影响用断层率（S）描述。

在某一剖面上各种规模的断层出露面积占剖面总面积的比例称为断层率，用 S 表示。

$$S = \frac{d_1B_1 + d_2B_2 + d_3B_3 + d_4B_4 + d_5B_5}{B} \times 100\%$$

式中，B_i 为每组断层平均发育宽度；B 为统计面岩层总厚度。

依据工程区断层不同的断层率，其赋值如表 4-5 所示。

表 4-5 工程区断层率及其赋值表

断层率（S）/%	<5	5 ~ 10	10 ~ 20	20 ~ 30	>30
分值	1 ~ 2	3 ~ 4	5 ~ 6	7 ~ 8	9 ~ 10

3. 断层（软弱岩带）与围岩强度反差

断层破碎带和软弱岩带具有不同的特征，可以用多项指标描述。为简化，采用断层

（软弱岩带）岩体弹性模量（或单轴饱和抗压强度）与围岩弹性模量（或单轴饱和抗压强度）之比（$E_{断}/E_{岩}$）的大小来描述其对工程的影响程度。比值越小，断层工程地质性质越坏；比值接近1，工程地质性质趋于良好。

依据 $E_{断}/E_{岩}$ 值的大小，赋予不同的分值，如表4-6所示。

表4-6 工程区断层及软弱岩带岩体与围岩强度比值（$E_{断}/E_{岩}$）及其赋值表

$E_{断}/E_{岩}$	<0.2	0.2～0.4	0.4～0.6	0.6～0.8	0.8～1.0
分值	1～2	3～4	5～6	7～8	9～10

4.2.4 裂隙

1）裂隙发育密度

在某一典型剖面内，某一规模（宽度）的裂隙在单位长度内裂隙发育的条数，称为裂隙发育密度，用 d_i 表示（表4-7）。

表4-7 工程区裂隙发育密度（d_i）

裂隙发育程度	<条/20m	条/20m—条/10m	条/10m—条/5m	条/5m—条/m	>条/m
裂隙发育密度（d_i）/(条/m)	<0.05	0.05～0.1	0.1～0.2	0.2～1	>1

裂隙长度可分为<2m、2～5m、5～10m、10～20m、和>20m五个级别。对不同长度的裂隙分别进行统计计算，可得出各级别裂隙的分布密度，并得出工程区裂隙密度分布图（图4-3）。

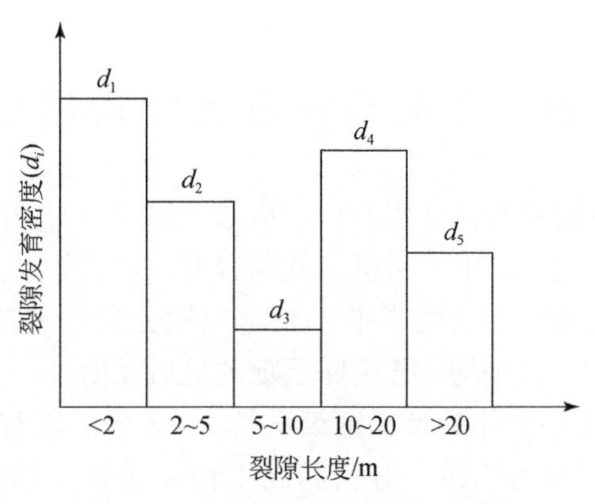

图4-3 不同长度的裂隙密度分布图

2）裂隙平均发育密度

各种规模的裂隙发育密度的平均值称为裂隙平均发育密度，用 $\bar{s}$ 表示。

$$\bar{s}=\frac{1}{5}\sum_{i=1}^{5}d_i$$

依据工程区裂隙不同的裂隙平均发育密度，其赋值如表 4-8 所示。

表 4-8　工程区裂隙平均发育密度及其赋值表

裂隙平均发育密度（$\bar{s}$）/（条/m）	<0.05	0.05 ~ 0.1	0.1 ~ 0.2	0.2 ~ 1	>1
分值	1 ~ 2	3 ~ 4	5 ~ 6	7 ~ 8	9 ~ 10

4.2.5　地下水

依据工程区地下水状况不同，其赋值如表 4-9 所示。

表 4-9　工程区地下水状况及其赋值表

地下水状况	无	滴水	线流	涌水	大量涌水
分值	1 ~ 2	3 ~ 4	5 ~ 6	7 ~ 8	9 ~ 10

4.2.6　其他特殊项目

由于工程地质条件的复杂性，有时仅仅用前述五项指标评价某一地质体的复杂程度是不够的，根据实际情况，在某些时候需要选用某些特殊指标进行评价，如地形、风化、地应力等。如无特殊项目此项指标可选取为 0，或不做考虑，其不影响对整个地质体的评价。

4.3　工程地质条件复杂程度各评价项目指标的评分

工程区工程地质条件的复杂程度用岩性、褶皱、断层（软弱岩带）、裂隙、地下水和其他特殊项目六项指标描述。其中，断层（软弱岩带）项目中有三项赋分值，实际计算时断层平均发育密度分值与断层（软弱岩带）发育规模分值二者选一，选定值与断层（软弱岩带）与围岩强度反差分值平均，作为断层项的最后赋值。

评价项目为六项，每一项分 5 级，每级增长 1 ~ 2 分。工程区工程地质条件复杂程度依据总分值的多少亦划分为六级，分值越高工程地质条件越复杂，最高得分为 60 分（表 4-10）。

表 4-10　工程地质条件复杂程度评分表

累计评分	0 ~ 10	10 ~ 20	20 ~ 30	30 ~ 40	40 ~ 50	50 ~ 60
分级	Ⅰ	Ⅱ	Ⅲ	Ⅳ	Ⅴ	Ⅵ

评价工程地质条件复杂程度的六项指标可以用如图 4-4 所示的网状图表示。

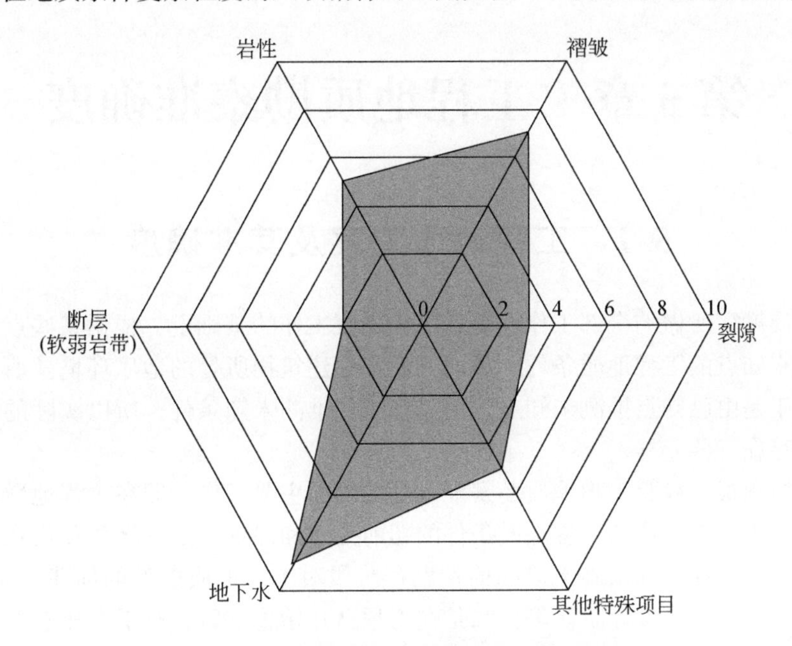

图 4-4　工程地质条件复杂程度评价网状图

第5章　工程地质勘察准确度

5.1　工程地质勘察及其准确度

工程地质勘察所做的全部工作就是在一定勘察工作的基础上，根据某些点已知的地质资料，推测未知点的工程地质条件，从而判断工程建筑物所处的地质环境及所应采取的工程措施。由于是由已知点推测未知点，由已知条件推测未知条件，所以实际的结果和所推测的结果就存在一些差异。

工程地质预报是检验工程地质勘察准确度的一项主要工作，即在工程地质勘察或施工过程中，对于未开挖岩体的工程地质条件的超前描述和评价。工程地质预报在时间上可以分为两部分：一是在工程未施工前的前期勘察阶段对工程地质条件的描述，如规划阶段、可行性研究阶段、初步设计阶段等；二是在工程已开始施工后，对于未开挖岩（土）体的工程地质条件描述。广义的工程地质预报应包括这两部分，狭义的工程地质预报仅指后者。

实际上，任何一个工程，只要具有一定的工程地质信息，就能够做出预报。只不过根据信息量的多少，工程地质预报准确程度不同而已，即工程地质勘察的准确度不同。如在一个工程项目初期，工程技术人员仅在收集一些区域地质资料的基础上，就可以大致知道将要施工的工程区的大致岩性、构造发育基本规律与程度等。当然此时的预报是非常肤浅粗略的，准确性较差。以后随着信息收集的增加，特别是通过不同阶段逐步深入的勘察工作，被评价区的工程地质条件越来越明朗，工程地质预报的准确程度也就逐步增加。因此，可以这样说，具有不同程度的地质信息，就能给出不同的工程地质条件，就能够做出不同准确程度的工程地质预报。对于被评价区的工程地质条件预报的准确程度，称为准确度，用 E 表示。从某种意义上讲，也可以说工程地质条件预报的准确程度就是该地质条件或地质现象的实现概率。

对于一条隧洞的勘探，从地面布置一个钻孔，并据此取得的地质资料预报隧洞中某点的地质条件，该点地质条件预报的准确性取决于孔深（h）和该点与钻孔的距离（L）（图5-1）。h 和 L 值越大预报的准确性越小，反之 h 和 L 值越小预报的准确性越大。

隧洞工程中，在开始施工之初，对该隧洞沿线的工程地质条件就有了一个初步的判断。以后随着施工的进展，对掌子面前方一定洞段的工程地质条件也具有一定的判断，并且随着施工的进展，对于掌子面前方工程地质条件的判断也在不断改变，且其准确程度不断提高。在出现特殊的工程地质问题时，需要在地面或洞内补充进行工程地质勘探（包括物探等手段），以提高对某一具体地质现象的勘察准确度。

工程地质勘察准确度的研究主要包括以下几个问题：

（1）把工程地质勘察结果的准确性，即查明、基本查明、查清等概念定量化；

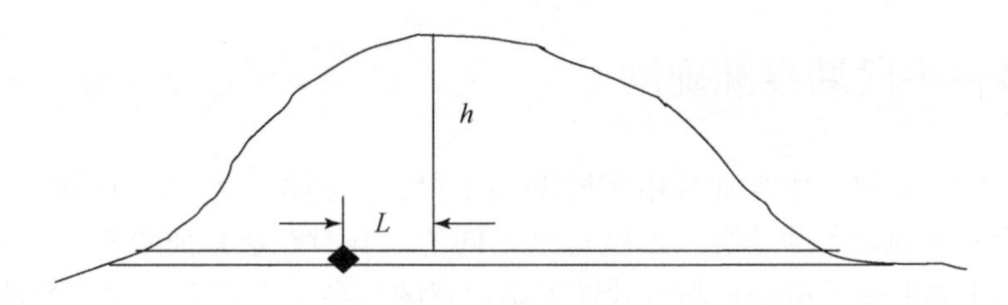

图5-1　隧洞工程勘探点与被评价点的相互关系

（2）勘察后给出被勘察地质体中任一点的勘察准确度；

（3）给出任何一个地质单元体的平均勘察准确度；

（4）给出被勘察地质体中任一点的基准预报尺寸，给出实际地质体勘察准确度；

（5）在隧洞施工过程中建立坐标系统，既预报前方工程地质条件，又给出该预报点勘察的准确度。

工程勘察准确性的定量化表述有利于设计人员充分理解并使用地质资料，从而使工程设计更趋于合理。勘察准确性的定量化可以使勘察工作的布置、勘察方法的选用更趋于合理。

实际工程地质条件是复杂的，影响工程地质预报准确度的因素也较多。但在勘察工作量一定的时候，影响勘察准确度的因素主要有两个：一是岩体（层）产状复杂程度，二是探测点与推测点的距离。

实际工程地质勘察中，最简单最初步的工程地质预测是点对点之间的预测。即通过甲点所观测到的地质现象，预测乙点的工程地质条件。

5.2　各种勘察手段的准确度

通过一定的勘察手段，可以对岩体中地下某一点的工程地质条件做出推测，但是这种推测的准确程度是不同的，这种推测的准确程度即勘察准确度（E）。准确度仅仅是针对岩体中某点勘察准确度的描述，不是工程地质评价，不可替代。

5.2.1　单一手段勘察准确度

前面论及，对于地下某一点勘察准确度的影响因素主要是岩体（层）产状复杂程度和探测点到推测点的距离。具体来说，岩体弯曲越复杂，探测点与推测点的距离越远，单一手段勘察准确度（E_0）越小；反之，岩体产状越平直，探测点与推测点的距离越近，单一手段勘察准确度（E_0）越大。

$$E_0=\frac{\omega}{M(1+L)}\times 100\% \tag{5-1}$$

式中，M 为褶曲度；ω 为勘察方式权重系数；L 为探测点与推测点距离，km。

5.2.2　多种手段勘察准确度

实际工作中，勘察工作常常采用多种勘察手段，如测绘、钻孔、物探、山地工作等。各种勘测手段对于地质条件的揭露程度也是不同的，其对获取地质资料的有效性也不同，图 5-2 是几种主要勘察手段造价与有效性关系示意图。各种勘察方法的有效性不同，其在勘察工作中占有的权重也就不同。根据经验，这里将所有勘察手段归并为四种，各自所占的权重大致如表 5-1 所示（不同工程权重不同）。

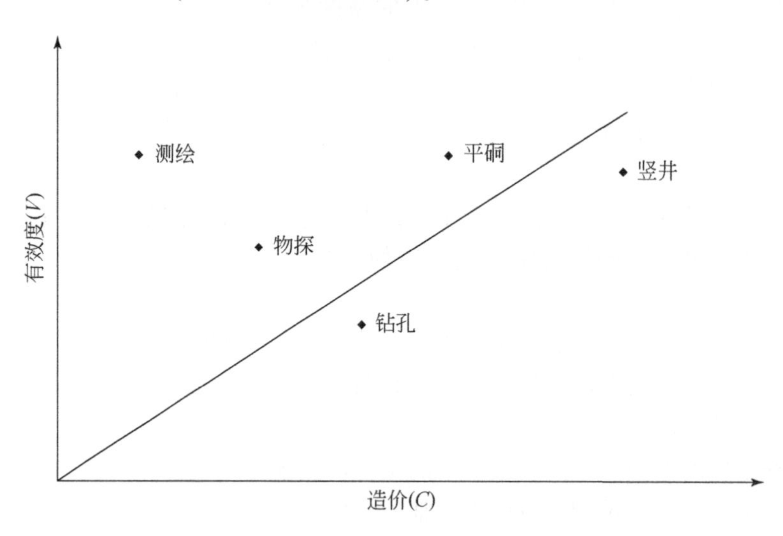

图 5-2　各种勘察手段造价及有效性关系示意图

表 5-1　各种勘察手段在工程勘察中所占的权重

勘察手段	权重（ω）/%	测点与推测点距离（L）/km
测绘	40	L_s
山地工作*	30	L_e
钻孔	20	L_d
物探	10	L_h（有效解译点到推测点距离）

* 山地工作包括平硐、竖井、探坑、探槽等。

因此，各种勘察手段综合勘察准确度（E）为

$$E=\frac{1}{M}\left(\frac{0.4}{1+L_s}+\frac{0.3}{1+L_e}+\frac{0.2}{1+L_d}+\frac{0.1}{1+L_h}\right)\times 100\% \tag{5-2}$$

5.2.3　工程地质测绘精度（比例尺）与勘察准确度的关系

工程地质图测绘的精度不同，对地质条件的了解程度就不同，对地质体的预报准确度

也就不同。所以在式（5-2）中对于工程地质测绘的权重应该乘以一个测绘精度系数（s），则式（5-2）改写为

$$E=\frac{1}{M}\left(\frac{0.4s}{1+L_{\mathrm{s}}}+\frac{0.3}{1+L_{\mathrm{e}}}+\frac{0.2}{1+L_{\mathrm{d}}}+\frac{0.1}{1+L_{\mathrm{h}}}\right)\times100\% \tag{5-3}$$

工程地质测绘精度系数（s）根据经验由表5-2给出。

表5-2 不同比例尺测绘图的测绘精度系数（s）

测绘比例尺	1∶100000（踏勘）	1∶50000	1∶10000	1∶2000	1∶1000	1∶500
测绘精度系数（s）	0.25	0.50	1.00	2.00	4.00	8.00

5.2.4 多个勘探点勘察准确度的叠加

实际工作中，为了查明某一点的地质条件，往往布置多个钻孔或山地勘探点即用多种手段或多个勘探点进行勘探。对于此预测点来说，其勘察准确度是多个勘探点勘探准确度的叠加。用 E_{d} 表示钻孔勘察准确度，用 E_{e} 表示山地工作勘察准确度，则山地工作勘察准确度为

$$E_{\mathrm{e}}=\frac{0.3}{M}\left[\frac{1}{1+L_{\mathrm{e}1}}+\frac{1}{1+L_{\mathrm{e}2}}+\cdots+\frac{1}{1+L_{\mathrm{e}n}}\right]=\frac{0.3}{M}\sum\frac{1}{1+L_{\mathrm{e}i}} \tag{5-4}$$

式中，n 为用于计算的勘探点的个数。

钻孔勘察准确度为

$$E_{\mathrm{d}}=\frac{0.2}{M}\left[\frac{1}{1+L_{\mathrm{d}1}}+\frac{1}{1+L_{\mathrm{d}2}}+\cdots+\frac{1}{1+L_{\mathrm{d}n}}\right]=\frac{0.2}{M}\sum\frac{1}{1+L_{\mathrm{d}i}} \tag{5-5}$$

式中，n 为用于计算的钻孔个数。

用 E_{s} 表示测绘勘察准确度，用 E_{h} 表示物探勘察准确度，被预测点的综合勘察准确度为

$$E=E_{\mathrm{s}}+E_{\mathrm{e}}+E_{\mathrm{d}}+E_{\mathrm{h}} \tag{5-6}$$

结合式（5-3），

$$E=\frac{1}{M}\left(\frac{0.4s}{1+L_{\mathrm{s}}}+\sum_{i=1}^{n}\frac{0.3}{1+L_{\mathrm{e}i}}+\sum_{i=1}^{n}\frac{0.2}{1+L_{\mathrm{d}i}}+\frac{0.1}{1+L_{\mathrm{h}}}\right)\times100\% \tag{5-7}$$

计算多点勘察准确度时应要遵循如下原则：

（1）在同一勘察手段中，只使用某一勘察手段（线或面）到推测点的最近距离，如同一钻孔中，只计算钻孔到评价点的最近距离点，钻孔中的其他点不计；

（2）不同勘察手段可以叠加；

（3）不同位置同一手段的勘探可以叠加，如两个钻孔或两个物探测点等。

5.3 地质体勘察准确度计算与评价

实际工程中，对一个点的评价是重要的，但也常常需要对一条线、一个面或一个地质

体勘察准确度进行计算和综合评价。

5.3.1 各勘察阶段的工作量

1. 定义

(1) 勘探点线密度 (D_l)：单位长度勘探点的数量，单位为个/km。

适用于线性工程（一维布置工程）：铁路、隧洞、渠道等。

(2) 勘探点面密度 (D_s)：单位面积勘探点的数量，单位为个/km^2。

适用于场地工程（二维布置工程）：各类场址、库区。

(3) 勘探点体密度。

D_{vn}：单位体积勘探点的数量，单位为个/km^3；

D_{vl}：单位体积勘探点的长度，单位为 m/km^3。

适用于场地工程、立体工程（三维布置工程）：边坡稳定、地下洞室群、坝基等。

2. 勘探密度需研究的问题

(1) 各勘察阶段勘探密度的要求；

(2) 各勘察阶段勘探线长、勘探面积、勘探体积的确定；

(3) 不同建筑勘探线长、勘探面积、勘探体积的确定。

5.3.2 地质体上一个点的勘察准确度计算

如前面所述，前面所说的勘察准确度都是针对一个勘探点的综合勘察准确度的计算评价，即点对点的评价。这是地质体综合勘察准确度计算的基础。对一个点来说，其综合勘察准确度的计算用式（5-2）即可。

5.3.3 地质体上一条线的勘察准确度计算

对一个线性工程（如隧洞、铁路、公路、渠道、管道等）来说，某一线段的综合勘察准确度就是各点勘察准确度的平均值。假如某一洞段各勘探点勘察准确度随着洞线的延伸如图 5-3 曲线所示，该洞段的平均综合勘察准确度即为图中的水平线。

如果曲线的方程用 $E=f(x)$ 表示，则该洞段的平均综合勘察准确度为

$$\overline{E}=\frac{\int_a^b f(x)\,\mathrm{d}x}{b-a} \tag{5-8}$$

式中，a、b 为线性工程被评价段的起止点坐标。

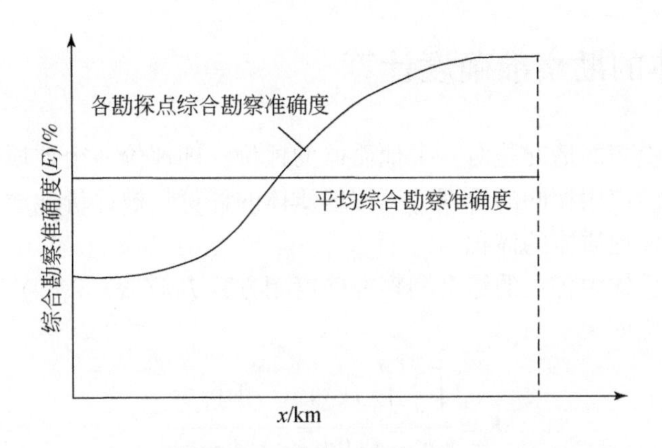

图5-3　线性工程勘察准确度计算与综合评价

5.3.4　地质体上一个面的勘察准确度计算

同理，对于一个面（面性）的综合勘察准确度，该面上各点的综合勘察准确度是图5-4中的一个曲面。被评价面的平均综合勘察准确度即为图中的水平面。

如果曲面的方程用 $E=f(x,y)$ 表示，则该被评价面的平均综合勘察准确度为

$$\overline{E}=\frac{\int_a^b\int_c^d f(x,y)\,\mathrm{d}x\mathrm{d}y}{(b-a)(d-c)} \tag{5-9}$$

式中，a、b、c、d 为工程区被评价区域边界点的坐标。

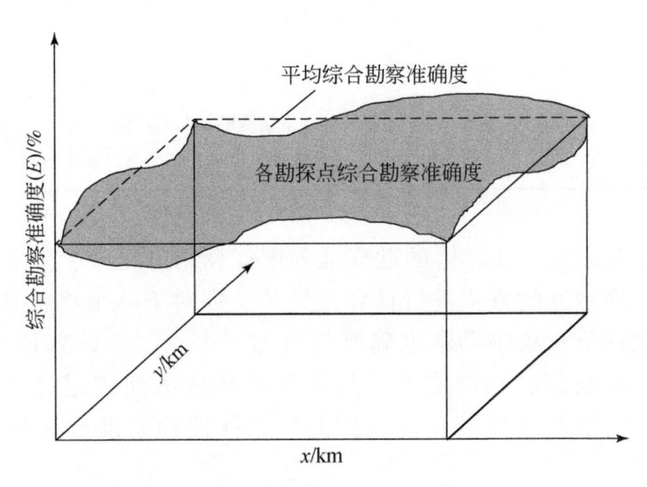

图5-4　面性工程勘察准确度计算与综合评价

5.3.5 地质体的勘察准确度计算

工程实际中，更多的情况是对一个地质体的评价，即评价一个地质体的综合勘察准确度是否达到了要求。应用相同的原理，工程地质体的评价是被评价地质体中各点的综合勘察准确度总和除以该地质体的体积。

如果被评价地质体中各点的综合勘察准确度用方程 $E=f(x, y, z)$ 表示，则该地质体的平均综合勘察准确度为

$$\overline{E} = \frac{\int_a^b\int_c^d\int_e^f f(x,y,z)\,\mathrm{d}x\mathrm{d}y\mathrm{d}z}{(b-a)(d-c)(f-e)} \tag{5-10}$$

式中，a、b、c、d、e、f 为地质体中被评价范围边界点的坐标。

5.3.6 最小勘察准确度计算与评价

点、线、面、体勘察准确度的计算在实际工程中有不同的用处，点是勘察准确度的基本计算方法，也是勘察工作做得较少时的一种评价方法。随着勘察工作的不断深入，根据工程建筑物的基本形状或性状的不同，可以采用点、线、面、体中的一种或几种计算其勘察准确度（表 5-3）。

表 5-3　点、线、面、体勘察准确度计算的适用范围

	点勘察准确度	线勘察准确度	面勘察准确度	体勘察准确度
适用范围	勘察准确度的基本计算方法；勘察初期勘察工作量较少时使用	适用于隧洞、渠道、管线、公路、铁路等线性工程	适用于坝基、楼基等建筑物基础等面的评价	适用于大型洞室、边坡等地质体的评价；勘察工作量较多时使用

由于针对工程地质线、面、体的勘察准确度计算相对复杂，为了简便，实际工程中可以用最小勘察准确度的方法进行计算及评价。即对于一个将被评价的线、面、体来说，可以找出被评价对象中勘察准确度最差的一个点，并计算该点的勘察准确度，只要该点达到了工程勘察准确度要求，其他点就必然达到或超过了要求。实际工程中，这个勘察准确度最差点是很容易找到的，这样使勘察准确度的计算与评价大大简化。

5.4 勘察准确度分级及不同勘察设计阶段对准确度的要求

5.4.1 不同阶段勘察准确度要求

为便于工程实用，将不同的勘察准确度划分出不同的级别并分别冠名，如表5-4所示。

表5-4 勘察准确度分级表

级别	代号	勘察准确度/%
查明	Ⅰ	80～100
基本查明	Ⅱ	60～80
调查	Ⅲ	40～60
了解	Ⅳ	20～40
初步了解	Ⅴ	0～20

不同的设计阶段其对勘察准确度的要求不同，各阶段应满足的勘察准确度建议按表5-5执行。

表5-5 不同阶段要求的勘察准确度

阶段	规划	项目建议书	可行性研究	初步设计	施工图
勘察准确度/%	20	40	60	80	90

5.4.2 勘察准确度涉及的因素

影响勘察准确度的因素很多，主要包括被勘察评价的地质体尺寸、地质体总体性质和勘察评价范围内地质缺陷调查。

1. 地质体尺寸

被勘察评价的地质体尺寸主要有两种：

一是针对某一建筑物所需要勘察评价的地质体，如一座大坝、一个厂房等，所被评价的范围可以是可能影响建筑物安全的一定范围，如持力层数倍范围、影响稳定的断裂范围、渗透范围等。

二是可能发生地质灾害区及其邻近一定的范围内，如滑坡区、泥石流产生区等。

2. 地质体总体性质调查

此为勘察评价范围内地质体的基本条件，即勘察报告中的一般工程地质条件或工程地质概况。此部分主要论述该地质体的地层、岩性、地质构造、地下水、风化卸荷等内容。

3. 勘察评价范围内地质缺陷调查

一般来讲，所勘察评价的地质体内都存在断层、破碎带、软弱岩体、强透水层等不良地质缺陷，它们将影响建于其上或其中的建筑物的安全稳定。因而工程勘察评价的重点就是查明这些地质缺陷的位置、规模、性状、与建筑物的关系（位置、距离、相互作用方式）及其对建筑物安全稳定的影响。勘察准确度的大小取决于对这些地质缺陷的查明程度的高低。

勘察准确度的大小主要取决于以下因素。

（1）以地质缺陷的尺寸确定：即可以查明多大尺寸的缺陷；

（2）以地质缺陷的性质确定：如断层带组成物质、破碎程度、摩擦系数等；

（3）以地质缺陷对建筑物影响程度确定：某地质缺陷对建筑物安全稳定影响的大小。

5.4.3　工程地质勘察工作布置合理性

在同一个待勘察评价的地质体内，其勘察工作不仅可采取不同的勘察手段，如测绘、钻探、洞探、坑槽探、物探等，也可以有多种布置方式和勘察方式的组合。不同的勘察布置方式所取得的结果是不一样的。高水平的勘察布置可以采取最经济和简单易行的方式获得更多的有用的地质资料，而低水平的勘察布置方式可能费时费力，耗资较高，但也不能取得有效的地质资料。

为了保证勘察工作的基本有效性，也为了保证建筑物的安全，前人根据多年的实际工程经验，编制了多种勘察规程规范，这些是工程技术人员智慧的结晶，也是工程失败教训的总结。所以在工程地质勘察过程中，首先就是要遵守这些规程规范，然后在此基础上充分发挥地质工作者的聪明才智，把勘察工作的布置做得更合理——以最小的勘察代价，获取更多的有效地质信息。

5.4.4　勘探工作量与准确度关系

一般来讲，勘探工作布置得越多，勘察的准确度越高。但二者并不是简单的线性关系。实际上的情况可能是这样的：在布置一定的勘察时，取得的地质资料较多，但当勘察工作量达到一定数量后，取得的资料增长速率就会变小。勘探工作量与勘察准确度（单一手段）关系曲线（E_0-Q）见图 5-5。

那么，针对某一工程来说，布置多少勘探工作量合适呢？就是要在图 5-5 中的曲线上寻找一个最佳点——以适量的勘察工作量，使工程的勘察准确度达到一个最理想的值。

一般来讲，勘察费用是随着勘探工作量增大而增加的，虽然二者不是简单的线性关

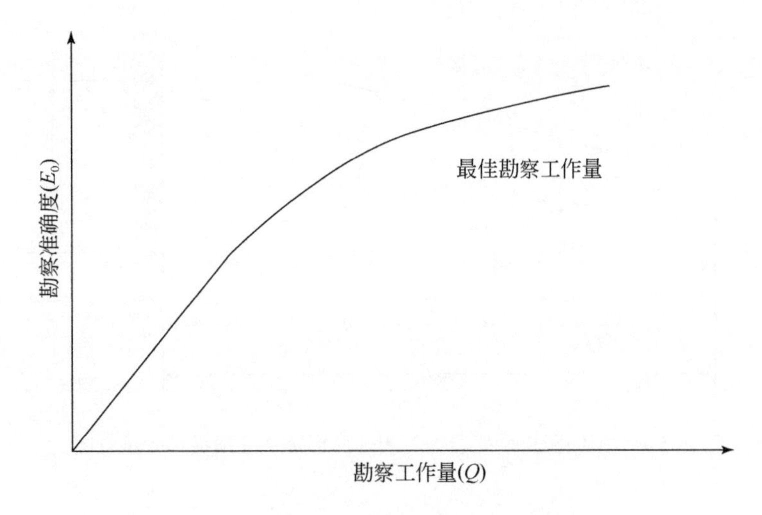

图5-5　勘察准确度与勘察工作量关系曲线

系。因此勘察准确度与勘探费用的关系曲线（E_0-C）形式与图5-5大致相同，此处不再赘述。

5.5　工程地质形迹预报尺寸

5.5.1　工程地质形迹基准预报尺寸

不管采用何种勘察方法，也不管勘察准确度如何，其对工程地质形迹的预报在尺寸大小上都是有限的。如果勘探点到被预测点距离较远，要预报较小的工程地质形迹就较困难。可预报的工程地质形迹尺寸的大小，一与勘探距离有关；二与地质复杂程度有关。

O点为一个已知的勘探点，其工程地质形迹基准预报尺寸为B_0。当勘探点O_1距离工程地质形迹较近时，其工程地质形迹基准预报尺寸为B_{01}；当勘探点O_2距离工程地质形迹较远时，其工程地质形迹基准预报尺寸为B_{02}。在可预报角度（α）大小相同时，预报的尺寸大小与距离的远近成反比。在同一岩体中，α的大小是一个常数，其大小与岩层的褶曲程度即褶曲度有关（图5-6）。

由图5-6可知：

$$B_0=2L\tan\frac{\alpha}{2} \tag{5-11}$$

α的大小与地层的复杂程度有关，地层简单（M值小），α大；地层复杂（M值大），α小。

$$\alpha=\frac{\beta}{M} \tag{5-12}$$

式中，β为基准预报角度；M为褶曲度。

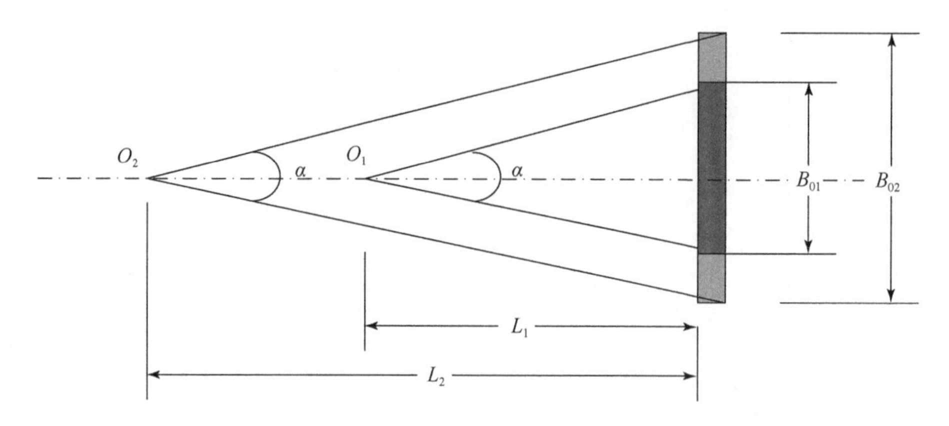

图 5-6　不同距离勘探点的工程地质形迹基准预报尺寸示意图

根据经验，单斜地层中可取 $\beta=3°$，则：$\alpha=\frac{3°}{1}=3°$。

地层中：

$$\alpha=\frac{3°}{M}$$

则

$$B_0=2L\tan\frac{\alpha}{2}=2L\tan\frac{1.5°}{M} \tag{5-13}$$

5.5.2　工程地质形迹基准预报尺寸与勘察准确度的关系

可预报尺寸的大小与被预测点的勘察准确度有关：准确度越高，可预报尺寸越小；准确度越低，可预报尺寸越大，二者成反比。因此，式（5-13）可改写为

$$B_0=\frac{2}{1+E}L\tan\frac{\alpha}{2}=\frac{2}{1+E}L\tan\frac{1.5°}{M} \tag{5-14}$$

式中，B_0 为工程地质形迹基准预报尺寸；E 为勘察准确度；L 为勘探点与被预测点间距离。为简便，公式中的 L 采用各勘探点距离被预测点的最小数值。

当工程地质形迹中某一勘探点达到基准勘察准确度（E_0）时，该点的 B_0 可按式（5-14）计算。从式（5-14）可知，随着某点勘察准确度的提高，该点可预报的尺寸变小。

变换式（5-14），得

$$E=\frac{2}{B_0}L\tan\frac{\alpha}{2}-1=\frac{2}{B_0}L\tan\frac{1.5°}{M}-1 \tag{5-15}$$

从式（5-15）可知，随着某勘探点可预报的工程地质形迹尺寸变大，该点所需要的勘察准确度变小。

实际工程中，为了查明某一点的地质条件，往往采用多个手段或多个勘探点进行勘探，此时该点的勘察准确度提高，其工程地质形迹基准预报尺寸相应减小。

5.5.3　大于或小于工程地质形迹基准预报尺寸时的工程地质勘察准确度

当拟预报工程地质形迹尺寸 $B<B_0$ 时，勘察准确度（E）降低；当拟预报地质形迹尺寸 $B>B_0$ 时，勘察准确度（E）提高。拟预报工程地质形迹尺寸（B）与其勘察准确度（E）成正比，即

$$E=\frac{E_0}{B_0}B \tag{5-16}$$

由上可知，工程地质形迹基准预报尺寸（B_0）的研究目的有两点：

（1）工程勘察中，当岩体中某一点达到一定的勘察准确度时，可预报多大尺寸的地质体；

（2）对于岩体中某一尺寸的地质体，在勘察中该地质体达到的勘察准确度是多少。

5.6　工程地质预报方法

5.6.1　工程地质预报资料的输入与输出

前面已经提及，工程地质勘察所做的全部工作就是在一定勘察工作的基础上，根据某些点已知的地质资料，推测未知点的工程地质条件，从而判断工程建筑物所处的地质环境及所应采取的工程措施。实际操作中，一般工程可以按照图5-7的程序进行，对于隧洞工程可以按照图5-8的程序进行。

图5-7、图5-8所展示程序的核心内容，其实就是有一定资料就可以给出一定的工程地质预报；随着资料的不断补充，工程地质预报的准确度不断提高，可预报的地质形迹尺寸不断缩小。

由于工程地质预报是在一定资料的基础上不断更新的过程，所以工程地质预报采用计算机程序是非常合适的。新资料的不断录入，自动导致地下岩体各部分地质条件资料的更新，对于未开挖的岩体不断给出新的工程地质预报。

计算机程序还可以使工程地质预报做到时间上的即时性（即总是采用最新的地质资料）与空间位置上的任意性［即工程区被评价岩体的任意位置（点、段或体）的工程地质评价］。

5.6.2　工程地质预报准确度计算表格

为便于工程中实际应用，工程地质勘察准确度（E）及工程地质形迹基准预报尺寸（B_0）的计算采用表格的形式，可按表5-6及相应公式进行计算。结合具体工程情况，表5-6可作相应修改。工程地质线、面、体的勘察准确度的计算需要列出具体方程，不便使用表格形式计算。

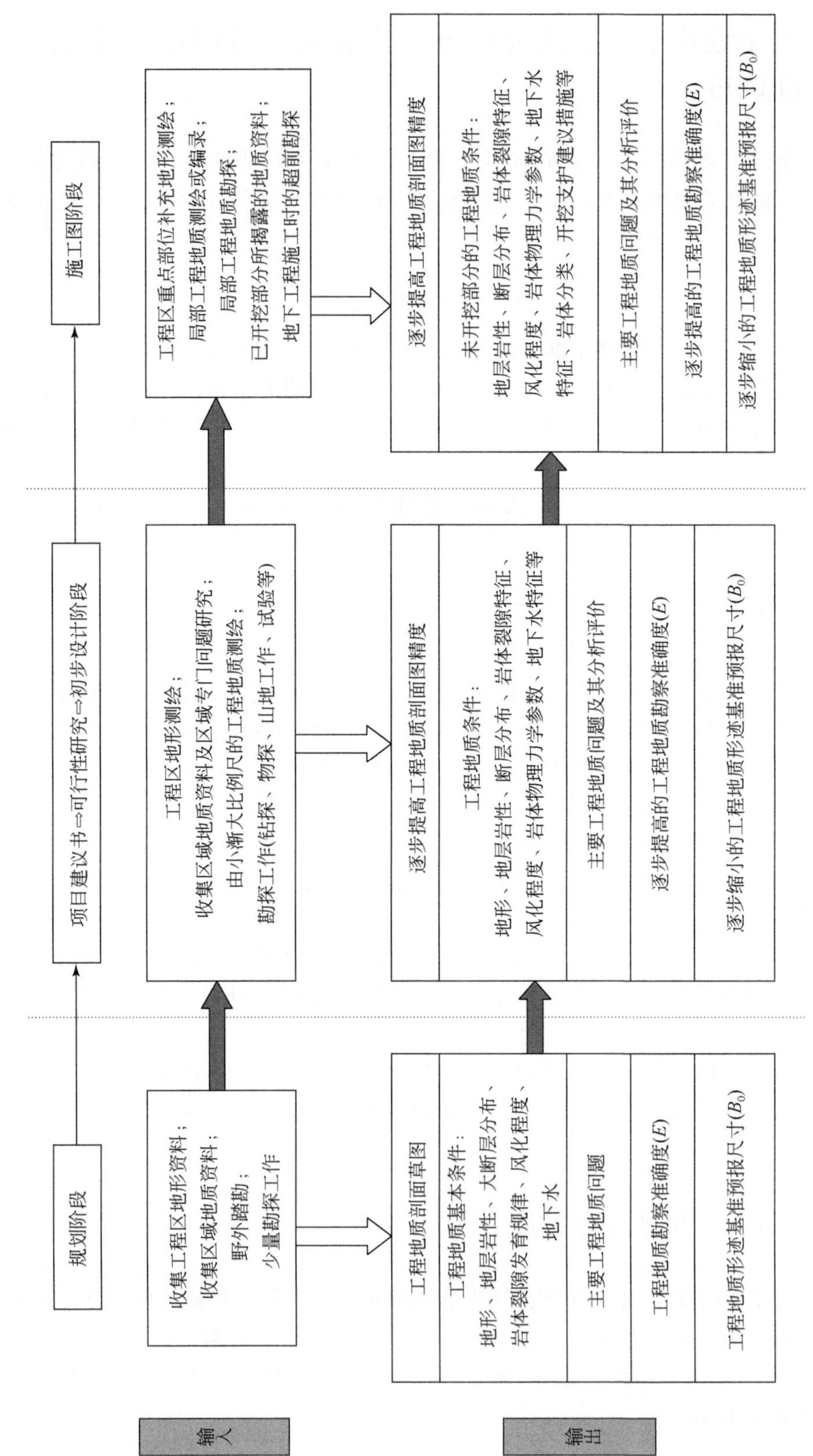

图5-7　工程地质勘察预报资料输入与输出程序图

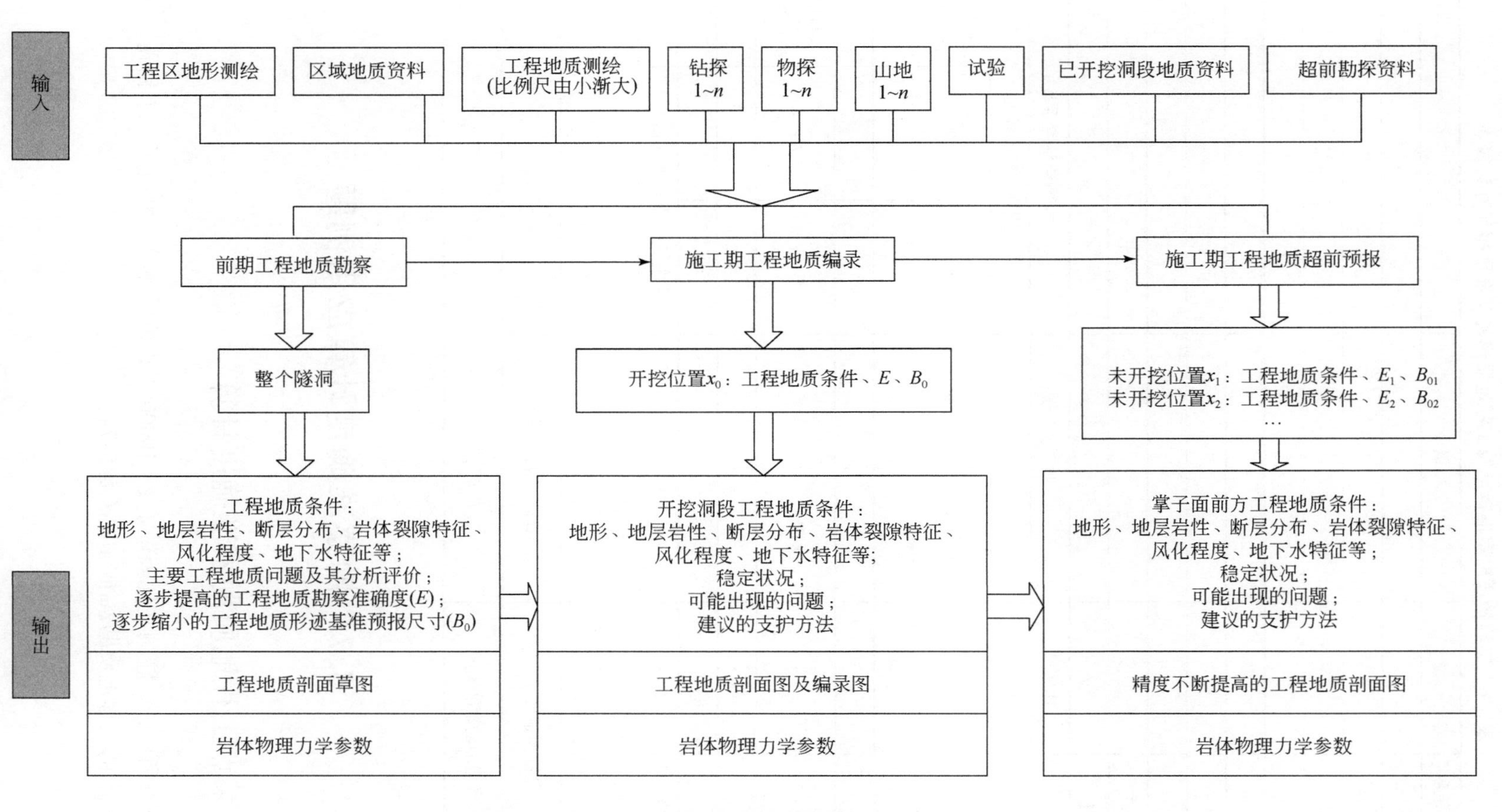

图5-8　隧洞工程地质勘察预报资料输入输出程序图

表 5-6　工程地质勘察准确度及工程地质形迹基准预报尺寸计算表

<table>
<tr><td></td><td>褶曲级数</td><td>一级</td><td colspan="2">二级</td><td colspan="3">三级</td></tr>
<tr><td rowspan="9">褶曲度</td><td>n</td><td>1</td><td colspan="2"></td><td colspan="3"></td></tr>
<tr><td>a_1/m</td><td></td><td colspan="2"></td><td colspan="3"></td></tr>
<tr><td>b_1/m</td><td></td><td colspan="2"></td><td colspan="3"></td></tr>
<tr><td>a_2/m</td><td>—</td><td colspan="2"></td><td colspan="3"></td></tr>
<tr><td>b_2/m</td><td>—</td><td colspan="2"></td><td colspan="3"></td></tr>
<tr><td>a_3/m</td><td>—</td><td colspan="2">—</td><td colspan="3"></td></tr>
<tr><td>b_3/m</td><td>—</td><td colspan="2">—</td><td colspan="3"></td></tr>
<tr><td>公式</td><td></td><td colspan="2"></td><td colspan="3"></td></tr>
<tr><td>M</td><td></td><td colspan="2"></td><td colspan="3"></td></tr>
<tr><td rowspan="10">勘察准确度</td><td rowspan="2">测绘</td><td>比例尺</td><td colspan="2">1：</td><td colspan="3">测绘精度系数 s</td></tr>
<tr><td>L_s/m</td><td colspan="2"></td><td colspan="3">测绘勘察准确度（E_s）</td></tr>
<tr><td rowspan="3">山地工作</td><td></td><td>山地 1</td><td>山地 2</td><td>…</td><td>山地 n</td><td>山地工作勘察准确度（E_e）</td></tr>
<tr><td>L_e/m</td><td></td><td></td><td></td><td></td><td></td></tr>
<tr><td>$E_{ei}(i=1, \cdots, n)$</td><td></td><td></td><td></td><td></td><td></td></tr>
<tr><td rowspan="3">钻探</td><td></td><td>钻孔 1</td><td>钻孔 2</td><td>…</td><td>钻孔 n</td><td>钻孔勘察准确度（E_d）</td></tr>
<tr><td>L_d/m</td><td></td><td></td><td></td><td></td><td></td></tr>
<tr><td>$E_{di}(i=1, \cdots, n)$</td><td></td><td></td><td></td><td></td><td></td></tr>
<tr><td>物探</td><td>L_h/m</td><td colspan="2"></td><td colspan="2">物探勘察准确度（E_h）</td><td></td></tr>
<tr><td colspan="2">综合勘察准确度</td><td colspan="2">$E=E_s+E_e+E_d+E_h$</td><td colspan="3"></td></tr>
<tr><td rowspan="3">预报工程地质形迹勘察准确度</td><td colspan="2">可预报角度</td><td colspan="2">$\alpha=3°/M$</td><td colspan="3"></td></tr>
<tr><td colspan="2">基准预报尺寸</td><td colspan="2">$B_0 = 2L\tan\frac{\alpha}{2}$</td><td colspan="3"></td></tr>
<tr><td colspan="2">拟预报的勘察准确度</td><td colspan="2">$E = \frac{E_0}{B_0}B$</td><td colspan="3"></td></tr>
</table>

5.7　勘察准确度计算应用例题

5.7.1　某点工程地质勘察准确度计算

如图 5-9 所示，一隧洞在地表做了 1：10000 工程地质测绘，并打了三个钻孔。现计算 A、B、C 三点的工程地质勘察准确度（表 5-7）。

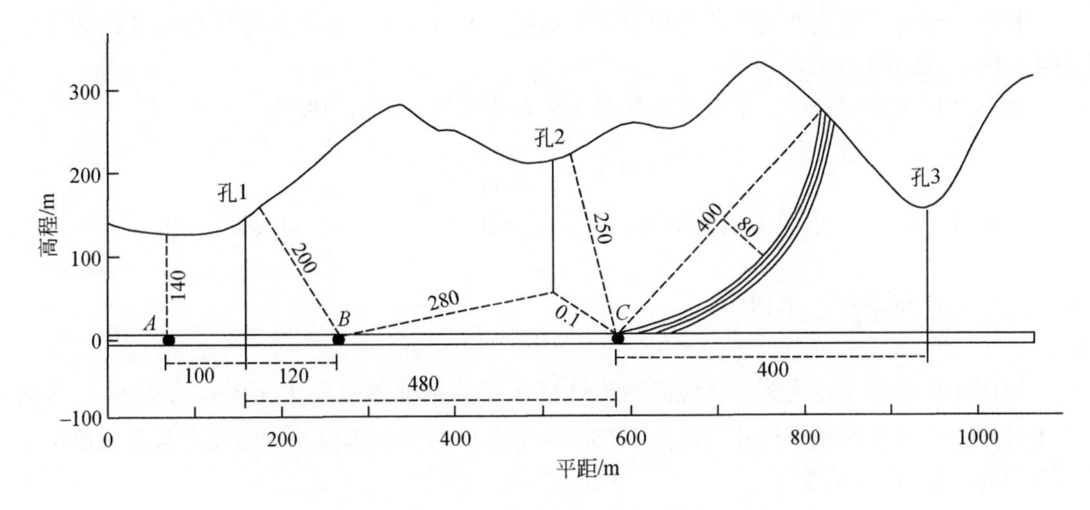

图 5-9　隧洞工程地质勘察准确度计算示意图

表 5-7　工程地质勘察准确度计算举例（工程地质条件复杂程度为 0.8）

位置	计算过程							计算结果
A 点	测绘	比例尺	1∶10000		测绘精度系数（s）		1.0	42.4%
		L_s/m	140		测绘勘察准确度（E_s）		28%	
	钻探		钻孔 1	钻孔 2	钻孔 3	…	钻孔勘察准确度（E_d）	
		L_d/m	100	—	—	—	—	
		E_{di}（i=1）	14.4%	—	—	—	14.4%	
B 点	测绘	比例尺	1∶10000		测绘精度系数（s）		1.0	53.6%
		L_s/m	200		测绘勘察准确度（E_s）		26.4%	
	钻探		钻孔 1	钻孔 2	钻孔 3	…	钻孔勘察准确度（E_d）	
		L_d/m	120	280	—	—	—	
		E_{di}（i=1，2）	14.4%	12.8%	—	—	27.2%	
C 点	测绘	比例尺	1∶10000		测绘精度系数（s）		1.0	62.4%
		L_s/m	0.25		测绘勘察准确度（E_s）		25.6%	
	钻探		钻孔 1	钻孔 2	钻孔 3	…	钻孔勘察准确度（E_d）	
		L_d/m	480	100	400	—	—	
		E_{di}(i=1，2，3)	11.2%	14.4%	11.2%	—	36.8%	

据以上计算，假设地层产状为单斜平直地层，A、B、C 三点工程地质勘察准确度分别为 42.4%、53.6%、62.4%。

假如地层为褶皱地层，褶皱形态如图 5-9 右侧弧线，其褶曲度为

$$M=1+\frac{a}{b}=1+\frac{80\text{m}}{400\text{m}}=1.2$$

此时 A、B、C 三点的工程地质勘察准确度分别降为 35.3%、44.7%、52%。

5.7.2　可预报尺寸计算

以图 5-9 中的 A 点为例，从地面测绘计算 A 点的基准预报尺寸（B_s）为 7.3m，从钻孔 1 计算 A 点的基准预报尺寸（B_{01}）为 5.2m（表 5-8），计算得 A 点的复合基准预报尺寸为 3.70m。B、C 点类推。

表 5-8　工程地质勘察基准预报尺寸计算举例

位置	A 点	B 点	C 点
L_s/m	140	200	250
B_s/m	7.3	10.4	13
L_{d1}/m	100	120	480
B_{01}/m	5.2	6.24	25.0
L_{d2}/m	—	280	100
B_{02}/m	—	14.56	5.2
L_{d3}/m	—	—	400
B_{03}/m	—	—	21
综合勘察准确度（E）/%	53	67	78
基准预报尺寸（B_0）/m	3.42	3.76	2.94

据前计算，A 点预报综合勘察准确度为 53%，此时其基准预报尺寸为 3.42m。假如在 A 点有一个地质体尺寸为 5m，则该地质体的预报综合勘察准确度升为 77%；同理，假如在 A 点有一个地质体尺寸为 2m，则该地质体的预报综合勘察准确度降为 31%。

5.7.3　洞段工程地质勘察准确度计算

计算图 5-9 中从点 A 到钻孔 1 洞段的工程地质勘察准确度。

1）测绘对该段的准确度

此洞段地表比较平缓，地表地质测绘到此洞段的距离基本一致，即认为 L_s 为常数 0.14m。故测绘对于洞段的勘察准确度为 35%（表 5-6）。

2）钻孔对该段各点的准确度

$$E=\frac{1}{M}\times\frac{0.2}{1+L_{\mathrm{d}}}\times100\%$$

代入式：

$$\overline{E}=\frac{\int_{a}^{b}f(x)\,\mathrm{d}x}{b-a}=\frac{0.2}{M(b-a)}\int_{a}^{b}\frac{1}{1+x}\mathrm{d}x\times100\%$$

图5-9中，$a=0.1\mathrm{m}$，$b=0\mathrm{m}$，$M=1$，$C=1$，则钻探对于此洞段的工程地质平均勘察准确度 $\overline{E}=19\%$。

与测绘对于该洞段的工程地质勘察准确度35%复合，则该洞段平均勘察准确度为44%。

其余洞段可用同样方法计算。

实际中，洞段的划分方法非常重要。合理的洞段划分，即可合理表示各洞段的勘察准确度，也可使计算大为简化。当某一勘探点距离预测点太远时，该勘探点可忽略不计。

5.8　勘察准确度研究在实际工程中的意义

准确度问题的研究在实际工程中可以解决如下问题：

（1）把工程地质勘察的准确度定量化，解决了以往查明、基本查明、查清等含糊的概念；

（2）进行了一定的勘察工作后，可以给出被勘察地质体中任一点的勘察准确度；

（3）可以给出任何一个地质单元体（某一洞段、某一块岩体等）的平均勘察准确度；

（4）可以给出被勘察地质体中任一点的基准预报尺寸，并根据地质体实际尺寸给出该地质体的勘察准确度；

（5）可以在隧洞施工过程中建立坐标系统，既预报前方工程地质条件，又给出该预报点勘察的准确度；

（6）对于非地下洞室的工程地质，如坝基、边坡、厂基等，同样可以采用本书所叙述的方法计算地质体中各点的工程地质勘察的准确度，或某一地质体综合的勘察准确度；

（7）把工程勘察准确度定量化表述，有利于设计人员更充分地理解使用地质资料，从而使工程设计更趋于合理；

（8）勘察准确度的定量化，可以使勘察工作的布置、勘察方法的选用更趋于合理，也可以用数学模型表示出来。

5.9　需要说明的几个问题

目前，如下几个问题需要特别说明：

（1）实际工程中，工程地质条件千差万别，本书中仅仅给出了最为通用的概化模型，对于某些岩体可能是不适用的，或需要做适当修改；

（2）本书的评价方法不一定十分严密合理，但有一个相对合理的评价尺度总比没有要好一些；

（3）上述模型和计算中都是假设各种勘察手段的勘察结果都是有效的，且同一勘察手段中各勘察点的有效性一致；

（4）书中所列的公式，某些是依据经验给出，并不一定有严格的数学意义；

（5）书中所给出的各种系数多为经验值，在实际应用中可能要逐步修改、完善；

（6）各公式的相关计算可能都有一定的适用范围，这个范围需要在实际中逐步摸索确定。

可以说，本书所探讨的问题及提出的各种计算方法都仅仅是一个尝试，其肯定是很不完善的。这既需要作者进一步研究，也需要读者能在实际工程中加以试用，并不断地提出宝贵意见，逐步对其进行修改，使其完善。

第6章　工程地质评价层序

在工程建设中，常常面对着一个又一个的工程地质问题。任何一个工程地质问题，不论其大小，都是一个完整的、复杂程度不等的系统——工程地质系统。这种工程地质系统包含地形地貌、地层岩性、地质构造、岩石（体）物理力学指标、施工方法、工程造价，乃至机器设备、人员组织、社会环境等多种因素。利用系统科学的研究方法，解决工程地质实际问题无疑会使我们的工作在技术上更科学、经济上更合理、安全上更可靠。

6.1　工程地质评价中的层序

系统作为一个诸要素相互作用的总体，可以分解为不同的子系统，并存在一定的层序结构。不同层序子系统之间具有一定的从属关系（图6-1）或相互作用的关系。

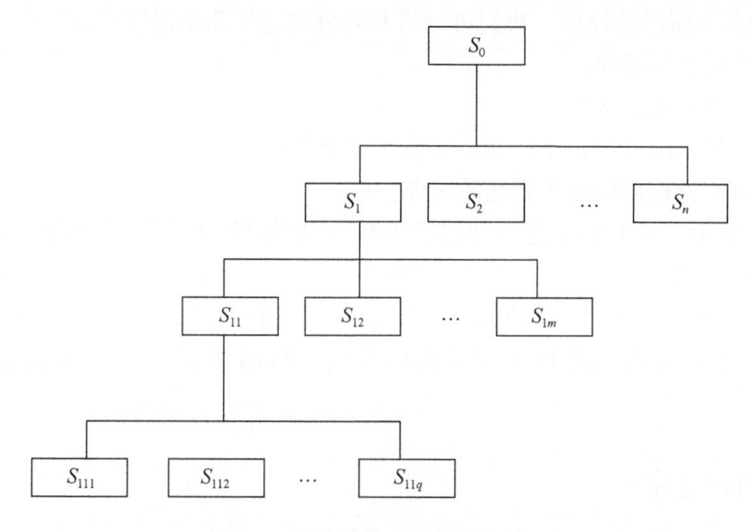

图6-1　系统的构成及其层次关系

工程地质系统和工程地质问题尽管复杂，但是它的内部是有规律的。对其进行评价时也有规律可循。这种规律之一就是系统及其评价的层序性。实际上在工程地质研究中，许多问题都是依照一定的层序进行研究。随着层序的不断展开，研究工作也就不断深入具体，而且在不同层序中上一层系统对下一层序系统具有系统的递阶影响与控制。

例如，当要选择一个抽水蓄能电站的厂房时，首先要考虑工程枢纽区上水库、下水库、发电厂房以及河流位置的相互关系和地形条件（第一层序）；接着再从厂区地层、岩性、构造、水文地质条件等几个方面研究厂区工程地质条件（第二层序）。在地层、岩性、构造、水文地质条件等因素中又都包含着许许多多的次一级内容（第三层序）。这样一层层展开，就构成了工程地质研究中的不同层序。工程地质问题的研究和工程问题的解决，就是在这样的层序中不断深化。

工程地质系统的层序性在实际当中一般表现在空间、时间以及评价问题规模三个方面。

6. 1. 1 时间层序

时间上的层序就是工程评价时，由于工程的规模巨大，历时时间长，工程的评价往往不是一次完成的，而是要分成不同的时段（时点），进行一次又一次的评价。每一次评价不是孤立的，而是递序进行。也就是说前一次的评价，要影响后一次的评价，依此不断进行。这种评价遵循马尔代夫原理。

6. 1. 2 空间层序

评价的空间层序是指在工程评价中，工程空间范围可以划分成不同的层序。例如，对于地下洞室中某一断层的处理，我们可以将其划分成这样几个层序。

层序 1：区域地质条件；

层序 2：工程区地质条件；

层序 3：洞室范围（如地下厂房）工程地质条件；

层序 4：洞室处理部位的工程地质条件。

这四个层序中，从上到下是一种包容关系，也可以说下一层系统均为上一层系统的子系统。工程中常常是从最小的系统中发现问题，而从较大的系统中分析问题，并寻找解决工程问题的方法。另外，掌握了工程系统中的这种层序关系，也可以使我们在处理实际工程问题时，有效地进行工程系统的分析，从而抓住工程中的主要矛盾或关键问题。

6. 1. 3 规模层序

评价问题的规模层序是就工程中评价问题的规模而言的，即工程评价问题的大小。这也可以用评价中的总目标与分目标来描述。任何一个大的工程问题都是由一系列的小的工程问题组成的。从大问题着眼分析，从小问题着手解决，这是工程中常常采用的办法。

但应注意的是，由于实际工程中的复杂性，工程地质系统往往不仅仅是图 6-1 中的层层包容关系，系统中常常具有穿插、越层等现象，后面将进一步论述。

6. 2 工程地质评价中的时间和空间模型

抽水蓄能电站工程是一个完整的系统，其工程地质环境（或条件）也是一个完整的系统。总体来说，其工程地质系统可以从时间和空间两个角度进行分析。

6.2.1　时间模型

抽水蓄能电站工程地质勘察是一个漫长的过程，从时间上说一般可以分为规划阶段、可行性研究阶段、初步设计阶段、技术与施工设计阶段。这四个阶段既是相对独立的，又是相互联系的有机整体，它们共同组成了一个完整的工程地质系统。

各阶段的工程地质勘察具有不同的目的，工作内容和工作重点也有所区别。在时间上，四个阶段构成了整个系统的四个因子，加上各阶段勘察的主要工程地质问题和工作内容，按时间顺序连接起来就构成了抽水蓄能电站工程地质时间模型（图 6-2）。

在抽水蓄能电站工程地质时间模型中，从纵向上来说，从 S_{10} 到 S_{40} 是一个从电站规划开始到其他工作阶段层层深入的过程，也是工程中的主要工程地质问题研究逐步深入的过程；从横向上来说，从 S_{01} 到 S_{08} 是在同一时间层序上需要查明的主要工程地质问题。各个工程地质问题在各勘察阶段中都是一个独立的工程地质系统（S_{ij}）。不仅如此，每个问题中的每一项也都是更次一级的系统。不同层次系统的综合就构成了抽水蓄能电站工程地质系统的时间模型。

6.2.2　空间模型

抽水蓄能电站一般由地下厂房、长大隧洞、上水库、下水库四部分组成，同时区域地质条件和工程建筑材料也是工程中的两个重要方面。因此，抽水蓄能电站从空间上说可以划分为区域地质条件、上水库、地下厂房、长大隧洞、下水库和建筑材料六部分。这六部分构成了抽水蓄能电站空间上的六个因子。六部分常见的工程地质问题就构成了抽水蓄能电站的空间模型（图 6-3）。这个模型是相对于整个电站来说的，是一种宏观的模型。实际上在图 6-2 和图 6-3 两个模型中的任何一个子系统都可以进一步细化出新的系统模型。

由于工程地质问题的复杂性，工程地质系统实际上是具有非重复性，也就是说针对不同的工程地质问题其工程地质系统是不尽相同的，是不能用一种系统模型代替的。因此工程地质系统的建立应该是工程技术人员依据自己所掌握的工程资料，研究制定适合于解决自己问题的工程地质系统，而本书所建立的系统或其他人建立的工程地质系统都应该仅仅是一种可供借鉴的思路或参考。

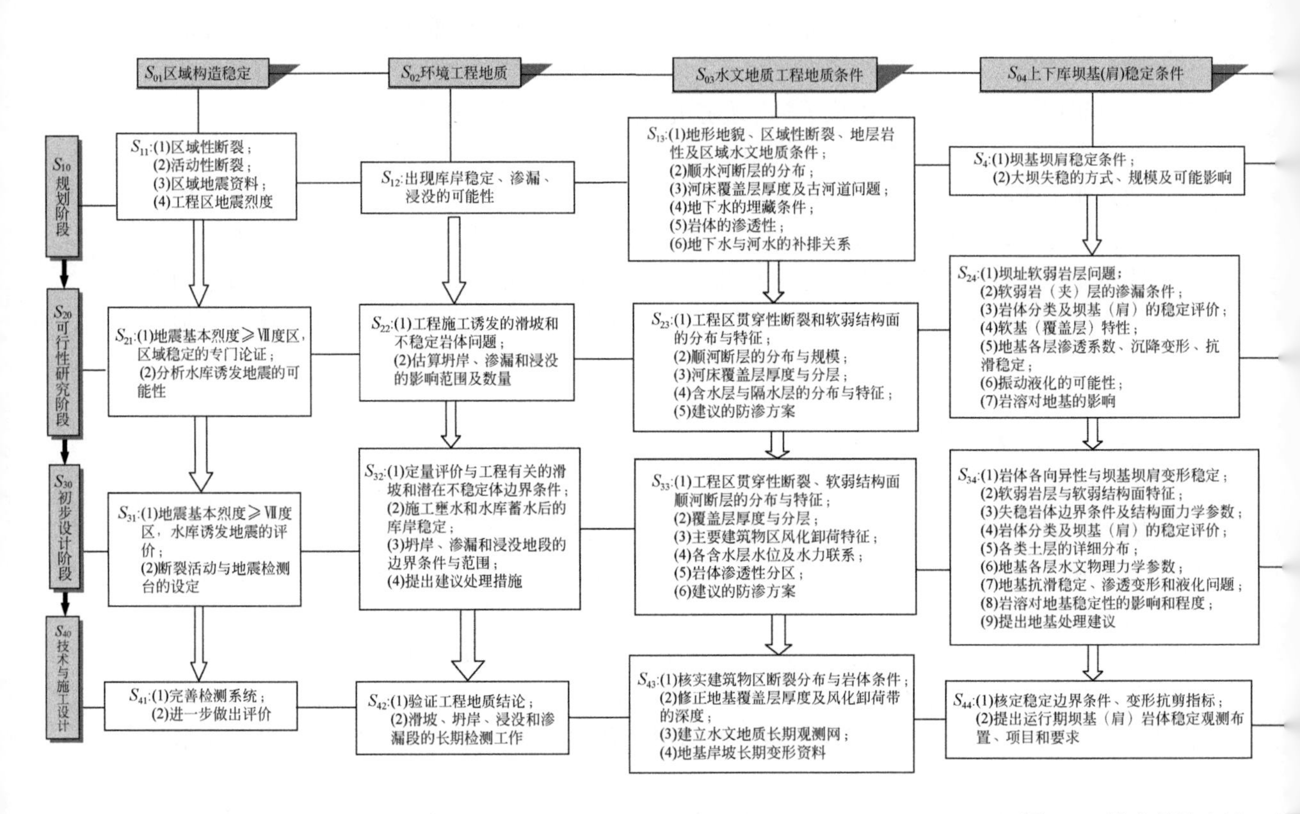

图 6-2　抽水蓄能电站工程

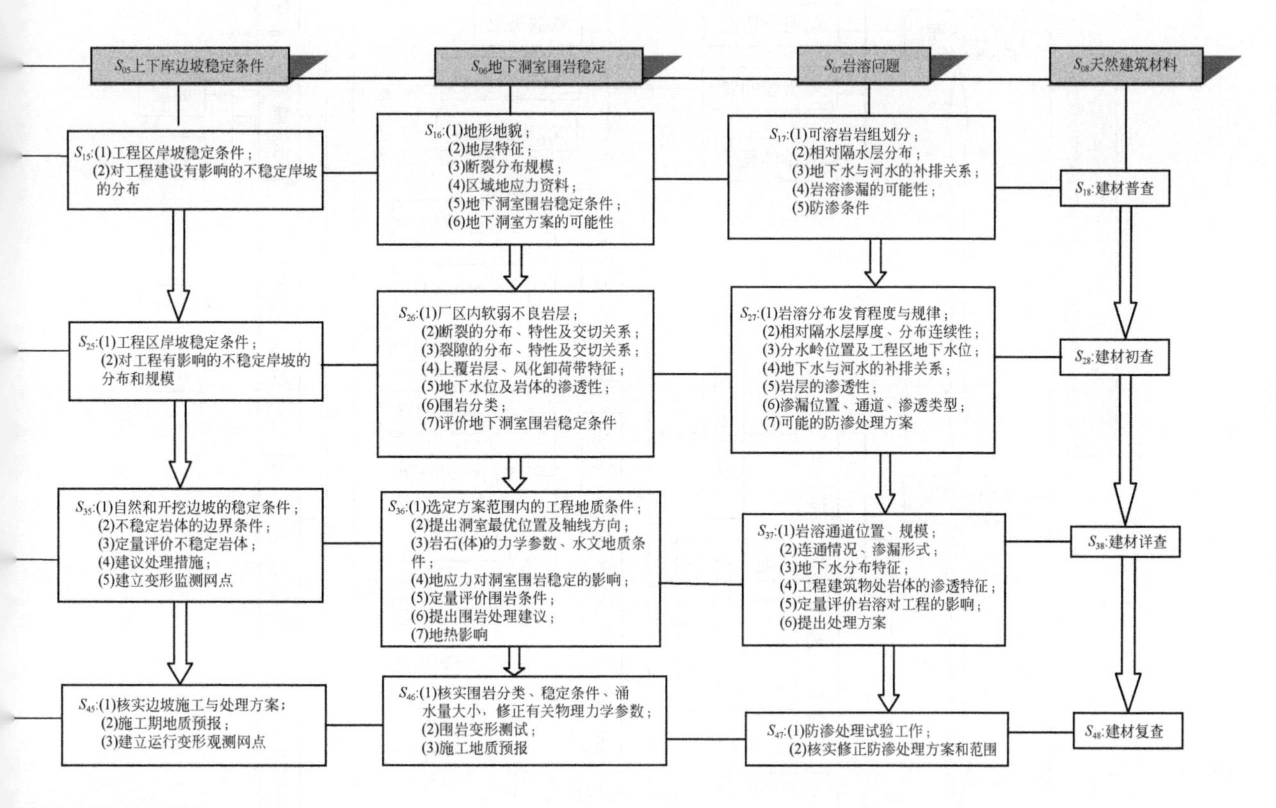

S_{05}上下库边坡稳定条件
S_{06}地下洞室围岩稳定
S_{07}岩溶问题
S_{08}天然建筑材料
S_{15}:(1)工程区岸坡稳定条件；(2)对工程建设有影响的不稳定岸坡的分布
S_{16}:(1)地形地貌；(2)地层特征；(3)断裂分布规模；(4)区域地应力资料；(5)地下洞室围岩稳定条件；(6)地下洞室方案的可能性
S_{17}:(1)可溶岩岩组划分；(2)相对隔水层分布；(3)地下水与河水的补排关系；(4)岩溶渗漏的可能性；(5)防渗条件
S_{18}:建材普查
S_{25}:(1)工程区岸坡稳定条件；(2)对工程有影响的不稳定岸坡的分布和规模
S_{26}:(1)厂区内软弱不良岩层；(2)断裂的分布、特性及交切关系；(3)裂隙的分布、特性及交切关系；(4)上覆岩层、风化卸荷带特征；(5)地下水位及岩体的渗透性；(6)围岩分类；(7)评价地下洞室围岩稳定条件
S_{27}:(1)岩溶分布发育程度与规律；(2)相对隔水层厚度、分布连续性；(3)分水岭位置及工程区地下水位；(4)地下水与河水的补排关系；(5)岩层的渗透性；(6)渗漏位置、通道、渗透类型；(7)可能的防渗处理方案
S_{28}:建材初查
S_{35}:(1)自然和开挖边坡的稳定条件；(2)不稳定岩体的边界条件；(3)定量评价不稳定岩体；(4)建议处理措施；(5)建立变形监测网点
S_{36}:(1)选定方案范围内的工程地质条件；(2)提出洞室最优位置及轴线方向；(3)岩石(体)的力学参数、水文地质条件；(4)地应力对洞室围岩稳定的影响；(5)定量评价围岩条件；(6)提出围岩处理建议；(7)地热影响
S_{37}:(1)岩溶通道位置、规模；(2)连通情况、渗漏形式；(3)地下水分布特征；(4)工程建筑物处岩体的渗透特征；(5)定量评价岩溶对工程的影响；(6)提出处理方案
S_{38}:建材详查
S_{45}:(1)核实边坡施工与处理方案；(2)施工期地质预报；(3)建立运行变形观测网点
S_{46}:(1)核实围岩分类、稳定条件、涌水量大小，修正有关物理力学参数；(2)围岩变形测试；(3)施工地质预报
S_{47}:(1)防渗处理试验工作；(2)核实修正防渗处理方案和范围
S_{48}:建材复查

地质系统时间模型

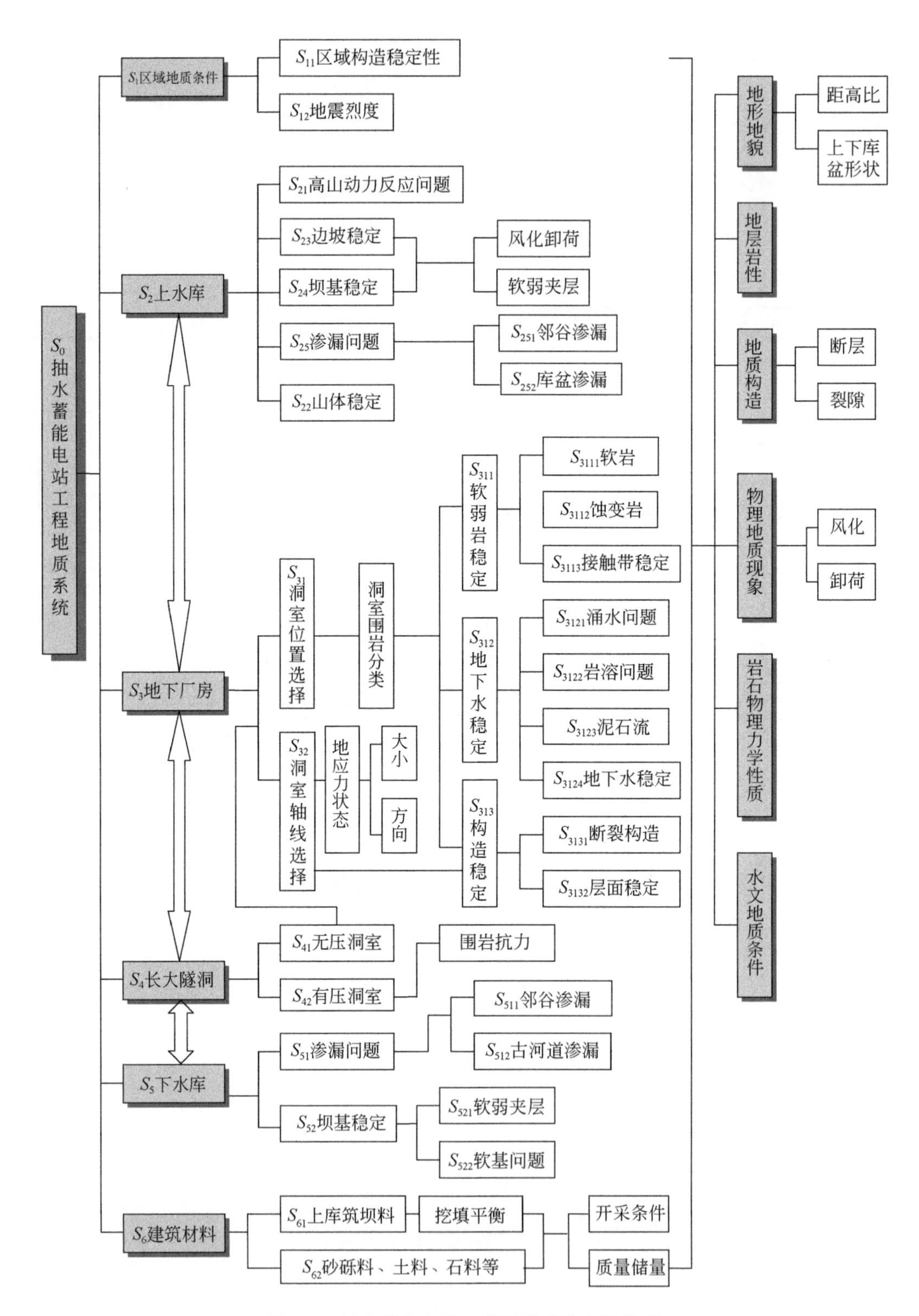

图 6-3　抽水蓄能电站工程地质系统空间模型

6.3　十三陵抽水蓄能电站地下厂房位置选择的评价层序

十三陵抽水蓄能电站（图6-4）从规划到施工历经二十余年。在这漫长的时期中随着工作的不断深入，面临着一系列的工程评价。这种评价随着时间的推移，从工作深度上说

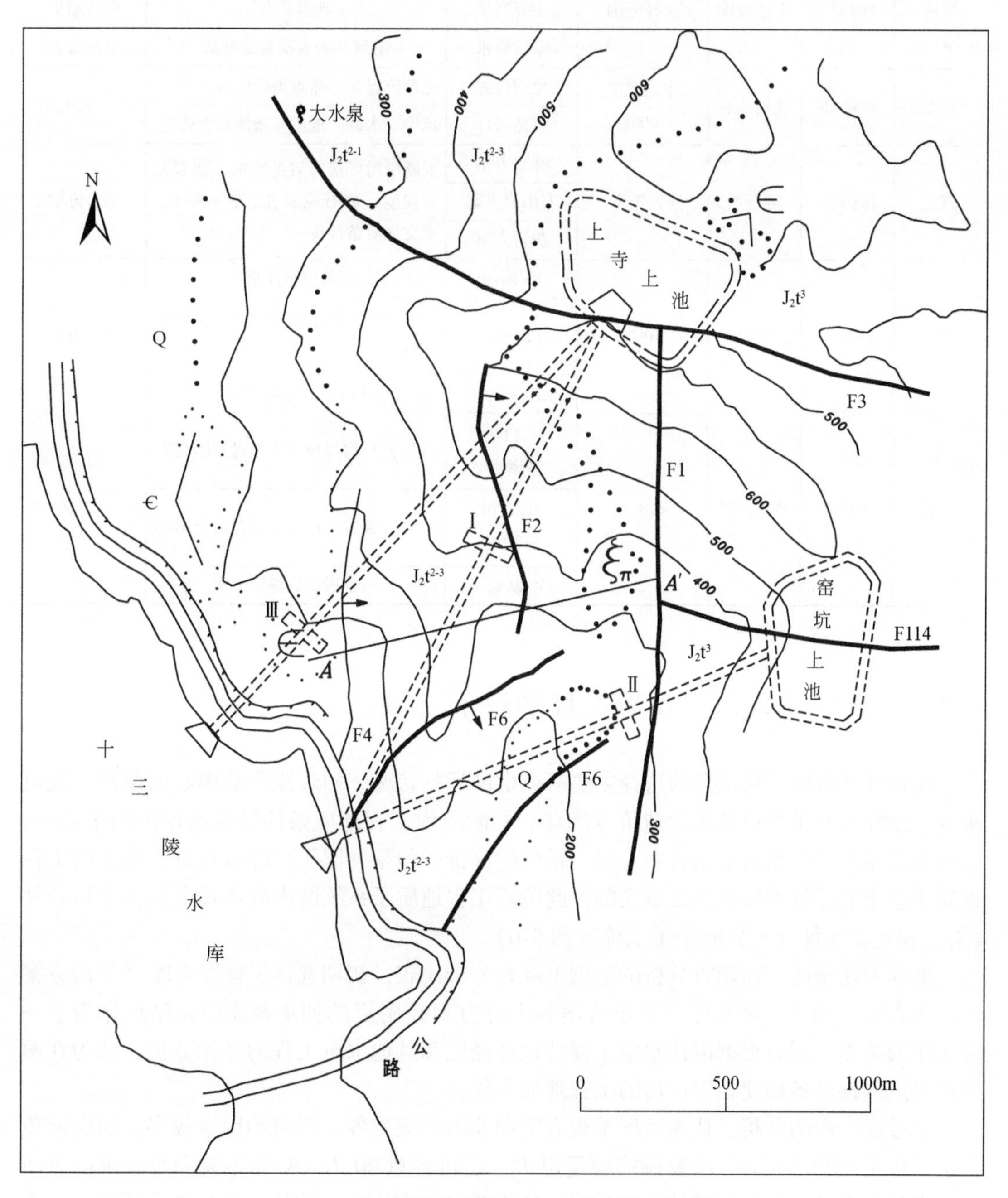

图6-4　十三陵抽水蓄能电站工程区工程地质简图

Ⅰ. 砾岩方案；Ⅱ. 安山岩方案；Ⅲ. 灰岩方案

越来越深，从评价地域范围来说越来越小，评价结果越来越科学准确。在这个评价过程中，不同层序的评价其评价判据是不同的。表 6-1 和图 6-5 概括表示了十三陵抽水蓄能电站地下厂房位置选择过程中的评价程序和评价层序。

表 6-1　十三陵抽水蓄能电站厂房位置选择评价层序表

层序	时间	工作阶段	选择范围	主要判据	判据要点	评价结果
第一				电网要求	电网是否需要蓄能电站	电站选点
第二	1974 年	规划选点	华北地区 <1000km	地理位置	地理位置是否靠近负荷中心	十三陵电站
				自然条件	地形、水源、地质等条件是否适宜	
第三	1985 年	可行性	<数千米	砾岩方案	大断层对厂房布置的影响、断裂发育程度、岩石完整性、岩石强度、水文地质条件等	砾岩方案
				安山岩方案		
				灰岩方案		
第四	1987 年	初步设计	<1000m	F1 断层	（1）避开三条控制性断层	Ⅱ区方案
				F2 断层	（2）各地质区内断裂构造发育程度	
				F4 断层	（3）各区内岩石完整程度	
第五	1991 年	技术设计	<180m	f1-f3-f9 断裂带	（1）使厂房尽量少地穿过各断裂带	C 方案
				f16-f19 断裂带	（2）断裂带对厂房各部位稳定影响	
				f30 断裂带	（3）厂房各段围岩稳定分类	

6.3.1　规划阶段电站位置选择的评价

规划设计阶段厂房位置的选择主要研究电网运行状况、站址距负荷中心的距离、发电水源、站址自然条件以及工程造价等问题。此阶段内工程地质条件是电站评价因子之一，它与其他几个因子紧密地结合在一起。系统的评价必须是各因子的综合评价，单独的工程地质子系统的评价可以说是无意义的。此阶段工程地质子系统的内容实际上包括地形条件（S_4）和地质条件（S_5）两个子系统（图 6-6）。

根据上述条件，在调查分析的基础上综合分析比较，初期选择了官厅水库（羊沟方案和北沟方案）和十三陵水库（窖坑方案和上寺方案）附近的抽水蓄能电站站址作为下一步工作的重点。同时根据以往水电工程的设计经验和其他水电工程的类比分析，认为在两个勘察点内都具备修建地下厂房的工程地质条件。

经过进一步的分析，认为官厅羊沟方案和北沟方案受各方面制约因素较多，当电网负荷进一步发展和增大时，需要调峰容量更大，装机容量 20 万 kW 是不能满足要求的。而在十三陵方案增加装机容量的余地较大。因此在 1981 年选定了十三陵电站并开始进行下一步的工作。

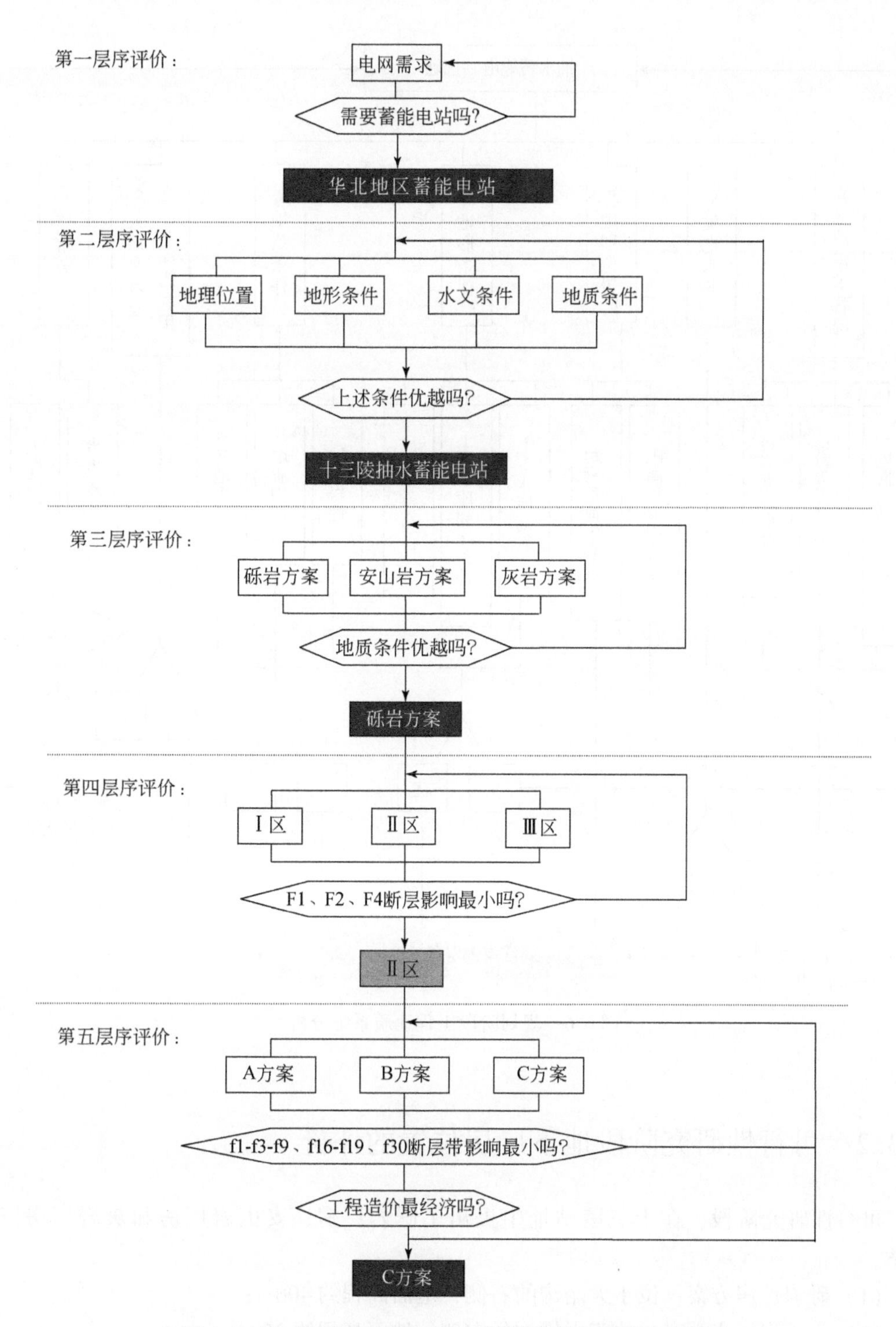

图6-5　十三陵抽水蓄能电站地下厂房位置选择评价程序图

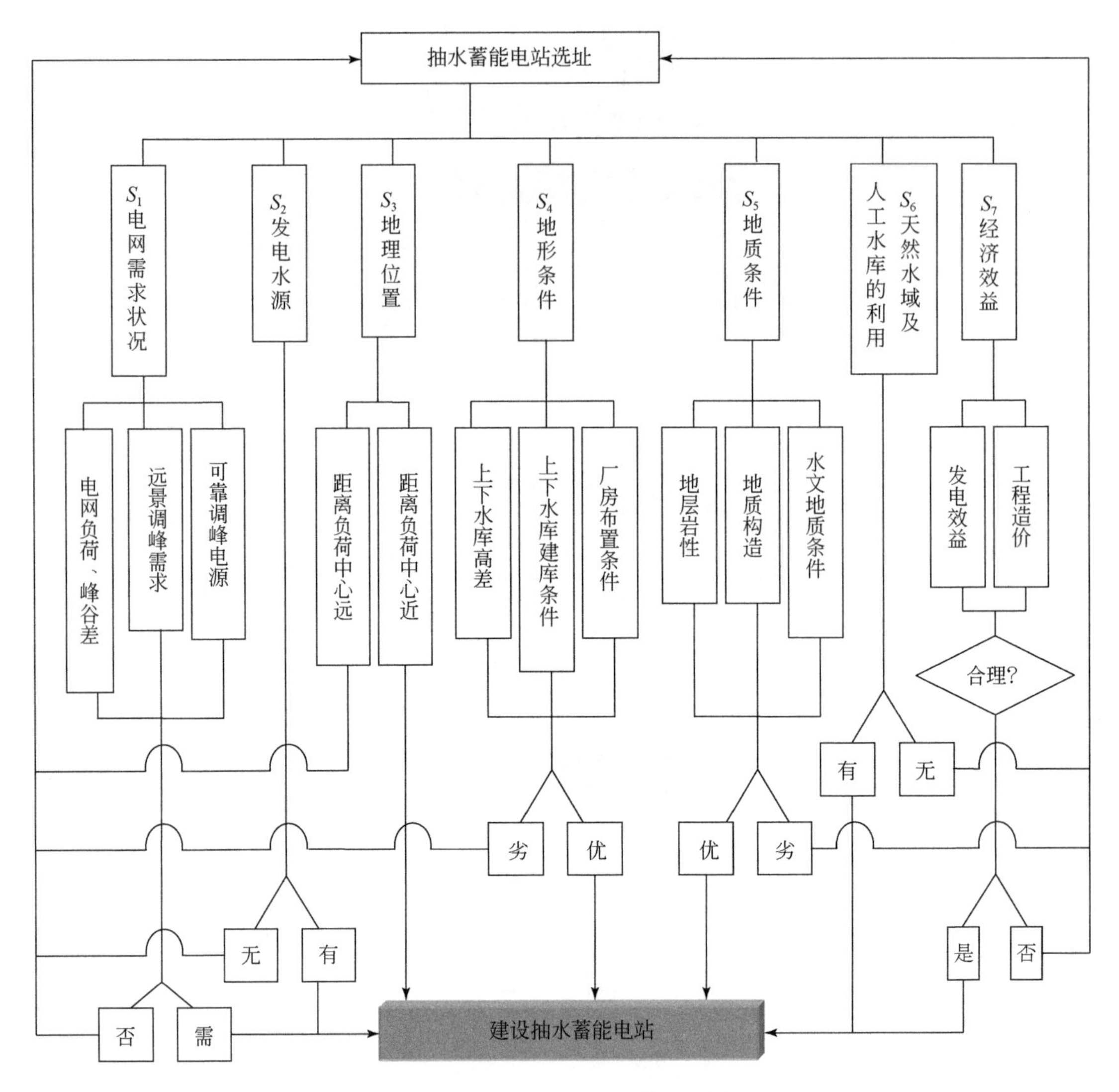

图 6-6　规划阶段工程地质系统分析

6.3.2　可行性研究阶段地下厂房位置的评价

可行性研究阶段，在十三陵站址中提出了砾岩厂房、安山岩厂房和灰岩厂房三个方案。

（1）砾岩厂房方案：位于大峪沟的右侧，地面高程约 400m；

（2）安山岩厂房方案：位于大峪沟的左侧，地面高程约 350m；

（3）灰岩厂房方案：位于大峪沟的右侧，靠近十三陵水库左岸，地面高程约 175m。

工程区与厂房位置选择关系比较密切的断层主要有 F1、F4、F3、F114、F6、F9 等（图 6-4），各断层特征见表 6-2。

表6-2　十三陵工程可行性阶段工程区断裂表

编号	断层产状	断层所在岩体岩性	断层特征	对工程影响
F1	NE10°~30°/SE ∠40°~53°	安山岩	逆平移断层。破碎带宽3.5~10m，由断层泥、糜棱岩、角砾岩、碎裂岩等组成。影响带2~3m宽。长约2.3km	距安山岩厂房及上寺上库坝址很近，对电站建筑物的布置影响最大
F4	SN/E ∠60°~70°	砾岩与灰岩接触带附近	逆断层。破碎带宽10m左右，由糜棱岩、角砾岩、压碎岩组成。影响带达20m。可见长度约1.5km	从砾岩地下厂房西侧通过，在20m高程上，水平距离约200m
F3	NW290°~300°/NE ∠74°~86°	穿过安山岩和砾岩	平移断层。破碎带宽5~10m，由角砾岩、断层泥、碎裂岩组成。局部地段有岩脉侵入。影响带宽9~20m。长约2.2km	经过坝址纵贯上寺上库，对上寺上库影响较大
F114	EW/S∠50°	安山岩	正断层。破碎带宽5~7m，由断层泥、角砾岩及片状压碎岩组成。影响带宽10~12m。长约1.5km	对窑坑上库的坝基稳定和库盆渗漏有重要影响
F6	NE40°~65°/E ∠42°~59°	沿砾岩和安山岩接触带发育	逆断层。破碎带宽0.5~6m，由断层泥、糜棱岩、角砾岩组成，局部断层泥厚达1m，影响带宽2~3m。可见长度约1.2km	距各方案地下厂房较远，对厂房布置影响不大
F9	NE45~64°/SE ∠42°~59°	安山岩	逆断层。破碎带宽1~2m，由断层泥、角砾岩、压碎岩组成，局部可见砾石定向排列。影响带宽5~7m。可见长度约1.3km	距各方案地下厂房较远，对厂房布置影响不大

对于厂房位置的选择，到可行性研究阶段工程地质已经形成了一个独立的系统。也就是说在某种条件下，进行工程地质分析时，为了系统的简化可以暂时不再考虑环境、造价等问题。即将系统研究范围确定在工程地质系统之内。

在可研阶段，工程地质系统（S_2）的研究包括地形地貌（S_{21}）、地层岩性（S_{22}）等几个子系统的研究。决定几个厂房方案评价的判据主要是地质构造的发育程度。同时也进行了施工条件（S_3）和工程造价（S_4）的比较（表6-3）。

表6-3　不同岩性方案优劣比较

比较项	砾岩厂房方案	安山岩厂房方案	灰岩厂房方案
地质条件	（1）砾岩完整性好，完整系数大； （2）断层裂隙较少	（1）安山岩断层裂隙较发育，其组数、缓倾角、夹泥均较多； （2）完整系数小，岩石较破碎	（1）岩性均一、岩质致密； （2）可能有岩溶问题； （3）岩体分布范围较小
围岩特征	（1）岩石强度相对较低，软化系数较小； （2）围岩分类属块状类型，基本稳定	围岩分类属碎裂类型，稳定性差	构造简单，围岩整体性好

续表

比较项	砾岩厂房方案	安山岩厂房方案	灰岩厂房方案
水利工程布置	水道总长度较长，需设上调压井	水道总长度较短，不设上调压井	(1) 岩体分布范围狭小，布置厂房及其他地下洞室有一定困难； (2) 缩短尾水洞长，其他洞室将穿过几个不同岩性接触带
施工条件	(1) 上库挖填方量小； (2) 施工场地开阔，对工期保证有利	(1) 上库挖填方量较大，而上库是枢纽施工进度控制工程，对工期保证性较差； (2) 支护将较复杂。施工期较难保证	(1) 厂房施工可能因岩溶有较多的地下水出露； (2) 外围洞室穿过接触带可能产生塌方； (3) 距公路较近，勘探施工方便，可减少工程量
环境影响	上库位置较隐蔽，对景观无影响，毁树较少	对天然景观有一定影响。需毁林木约 7 万株	与砾岩方案相同
经济评价	装机容量比安山岩方案大 6 万 kW，单位千瓦投资较小	总投资及装机容量稍小，但单位千瓦投资较大	与砾岩方案基本相同

在三个不同岩性的厂房方案中，经过工程地质勘察工作，尤其是通过不同岩性区内断裂构造的发育程度、岩体完整性、岩块强度、水文地质特征、岩体可溶性、厂房渗漏等一系列的分析比较，最后确定了砾岩厂房方案。即把厂房布置在中侏罗统髫髻山组的复成分砾（J_2t^{2-3}）岩体之中。此种围岩岩性单一，岩体完整，上覆岩体较厚，工程地质条件优于其他方案。

6.3.3 初步设计阶段厂房位置选择的评价

初步设计阶段已基本确定了地下厂房的顶拱和底板高程分别约为 20m 和 70m。但因为一些条件的限制，洞探工作集中在 220m 高程上进行。

经过初步设计阶段的工程地质勘察，在砾岩区内厂房位置的选择主要受该区几条规模较大的断层控制。这几条断层是 F4、F2 和 F42（图 6-7）。

F4、F42 和 F2 三条断层将厂区划分为三个构造区（图 6-7）：

Ⅰ区：F42 断层以东；

Ⅱ区：F4 断层以东，F42 断层以西，F2 断层以南；

Ⅲ区：F2 断层以北。

厂区发育的断层主要有三组，其中以北北东组断层最为发育。断裂构造在三个区的发育程度及展布方向有所区别。Ⅰ区和Ⅲ区属断层较发育区，而Ⅱ区断层相对不发育，且规模小，间距较大，夹泥者比例小。

初步设计阶段厂房位置选择的评价判据从大范围来说，是砾岩区内 F2、F4、F42 三条控制性断层。一方面厂房应尽可能避开三条断层对厂房的影响；另一方面，厂房应在三条断层划定的区域中选择一个较好的区域（图 6-7）。根据十三陵工程地质特征，三个区域

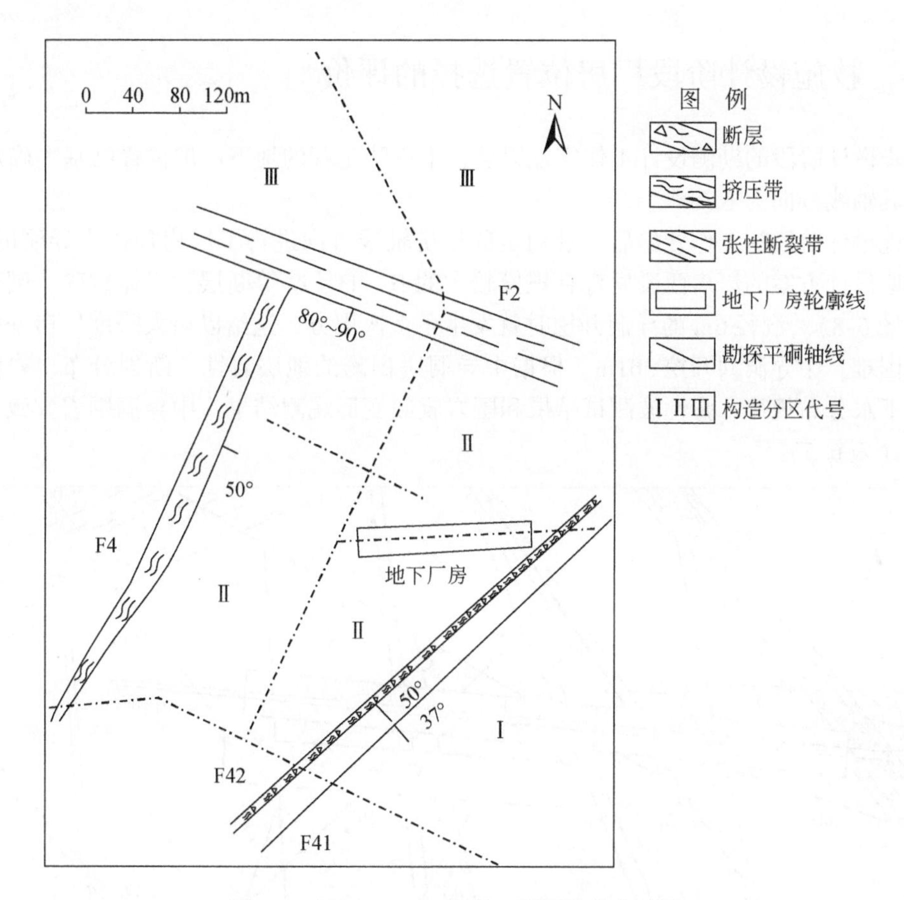

图6-7　厂区（220m高程）断裂构造分区图

的工程地质系统比较采用断层、裂隙、岩性和水文地质等六项因子进行分析比较。

各分区采用古风化壳、近直立裂隙、岩性、一般断层发育程度、一般裂隙发育程度、水文地质等几项进行对比，并依各区情况排序（表6-4）。统计结果以Ⅱ区工程地质条件最优。

表6-4　各分区评价因子无权重对比分析

序号	对比项	Ⅰ区	Ⅱ区	Ⅲ区	优选排序		
					Ⅰ	Ⅱ	Ⅲ
1	古风化壳	远	中	近	1	2	3
2	近直立裂隙	少	无	多	2	1	3
3	岩性	岩性有变化	岩性单一	岩性单一	3	1	2
4	一般断层发育程度	较发育	不发育	发育	3	1	2
5	一般裂隙发育程度	不发育	较发育	发育	1	2	3
6	水文地质	中等	简单	复杂	2	1	3
方案总分					12	8	16

6.3.4　技施设计阶段厂房位置选择的评价

初步设计阶段的勘测设计工作完成以后，十三陵工程的地下厂房位置已基本确定（图6-8），其轴线方向为NE85°。

技施设计阶段的工作开始后，沿初定的厂房轴线方向进行了厂房顶拱中导洞的开挖，又发现原设计方案的厂房西段发育有规模较大的f1、f3、f9等断层，岩体破碎，围岩稳定性差（图6-8）。洞径6m的导洞开挖时就发生了多次塌方，这给以后大跨度厂房开挖带来了很大困难。中导洞共开挖361m，根据中导洞所揭露的地层岩性、断裂分布、岩体完整性、地下水分布规律、弹性波测试结果和围岩收敛变形观测结果，中导洞围岩大致可以分为六段（表6-5）。

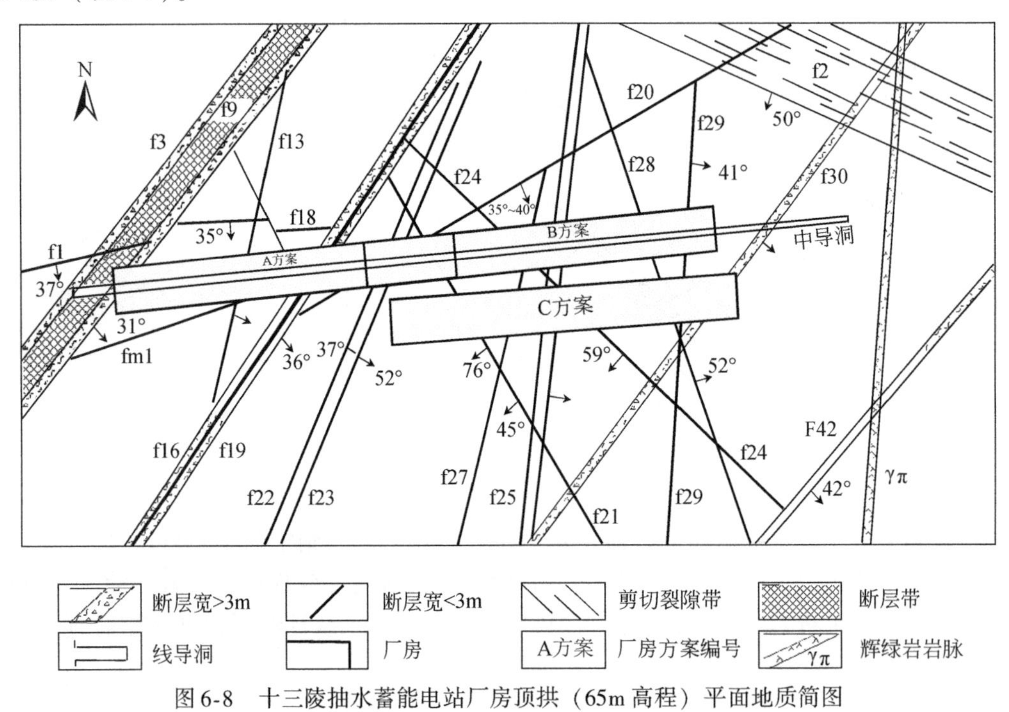

图6-8　十三陵抽水蓄能电站厂房顶拱（65m高程）平面地质简图

表6-5　中导洞围岩分类表①

段号	1	2	3	4	5	6
桩号/m	0+000~0+050	0+050~0+110	0+110~0+150	0+150~0+190	0+190~0+340	0+340~0+360
段长/m	50	60	40	50	150	20
断层分布	f1、f3、f9三条大断层及数条小断层通过	f13及数条小断层通过	f16、f17、f18、f19四条断层通过	有f20及f21、f22、f23三条断层通过	f24、f25、f26、f27、f28、f29三断层通过	有f30断层通过

① 水利部电力工业部北京勘测设计研究院，1990，十三陵抽水蓄能电站地下厂房选址报告。

续表

段号	1	2	3	4	5	6
断层密度/（条/m）	0.16	0.08	0.10	0.10	0.04	0.05
围岩特征		裂隙略发育 岩体较完整	裂隙发育 岩体破碎	北壁岩体破碎 其余较完整	裂隙不发育 岩体完整	裂隙发育 岩体破碎
弹性波速/（m/s）	2100～3300	4800～5200	2500～4000	3300～4500	4000～6600	
完整系数	0.12～0.30	0.64～0.75	0.17～0.44	0.30～0.56	0.44～1.00	
准围岩强度	12.8	38.2	17.4	24.4	42.9	
收敛变形	无观测断面， 推测大于50mm	1个观测断面， 最大值5.9mm	2个观测断面， 最大变形值 34.8～87.5mm	1个观测断面， 最大值7.3mm	2个观测断面， 最大值0.8mm	无观测断面 推测大于30mm
地下水出露	1个出水点 0.20L/min	4个出水点 1.25L/min	3个出水点 5.35L/min	4个出水点 2.05L/min	8个出水点 0.40L/min	
稳定性评价	不稳定	基本稳定	稳定性很差	局部不稳定	稳定	稳定性很差
围岩分类	Ⅳ－Ⅴ	Ⅱ－Ⅲ	Ⅳ－Ⅴ	Ⅲ（局部Ⅳ－Ⅴ）	Ⅱ	Ⅳ－Ⅴ

在厂房的开挖过程中，可能产生塌方的洞段部位主要有f1-f3-f9断层带、f16-f19断层带和f30断层带。这三个断层带宽度较大，破碎带内为未胶结构的糜棱岩、角砾岩，结构松散。断层之间的影响带内裂隙或劈理发育，岩体完整性差，所以在洞室开挖后必将产生散落式塌方，这种塌方一般方量较大。从三个断层带的发育规模看，f1-f3-f9断层比f16-f19断层规模大，而f16-f19断层带比f30断层带规模大。即断层发育规模自西向东依次减小，工程地质条件逐渐好转。由于厂房位置选择的不同，塌方段的位置也不同，失稳位置包括厂房顶拱、南北边墙、西端墙等几个部位。也由于断层带倾角较小，一旦厂房或其他洞室揭露出某断层带，必将有大范围的区段受到影响，这给洞室开挖与支护带来了很大困难。因此厂房位置的选择应尽量避开上述断裂带。

仅就工程地质条件来说，技施设计阶段系统的研究主要是厂区范围内几条规模较大断层（S_{31}）的研究，即f1-f3-f9（S_{311}）、f16-f19（S_{312}）和f30（S_{313}）三条断层的展布及其与地下厂房位置的相互关系。地下厂房位置的选取应尽量避开或减弱这几条断层对厂房的影响。可以说三条断层的展布是厂房位置选取的基本判据。

除去三条断层之外，断层之间的中小断层发育密度（S_{222}）、裂隙特征（S_{223}）、弹性波速（S_{224}）、水文地质条件（S_{227}）等，对厂房位置的确定也有很大影响。结合工程的具体布置，可以将上述评价因子分别在厂房顶拱、厂房边墙和主变室三个部位分析论证。并用北东组大断裂、近轴向断裂和围岩分类三个评价因子分别对上述三个部位进行分析比较，从而确定厂房的位置。

中导洞开挖以后，对厂房位置的选择进行了深入细致的分析研究，提出了多种厂房方案，各方案均具有各自的优点与缺陷。经过各种方案的分析比选，选定下述三种方案做进一步研究和比较。

A 方案：原初设厂房方案；

B 方案：沿原初设厂房轴线东移 120m 方案；

C 方案：沿原初设厂房轴线东移 135m，再南移 30m 方案。

根据工程地质条件分析，影响厂房洞室稳定的主要因素是 f1-f3-f9、f16-f19 及 f30 三个东北向断层或断裂带。根据几条断裂带与各方案顶拱边墙的相互关系列出表 6-6，可以看出：

（1）A 方案（原初设厂房方案）：不论是顶拱还是边墙均有较多断层出露，Ⅳ-Ⅴ类围岩占 50% 以上，顶拱、边墙的稳定性均较差（图 6-9a）。主变洞也有较多的断层切过，稳定性不好。因此此方案工程地质条件很差。

（2）B 方案（沿原初设厂房轴线东移 120m 方案）：厂房顶拱基本避开了 NE 向断层带的影响。但有 f20 近厂轴向缓倾角断层在顶拱切过，影响顶拱西部 50m 的稳定。边墙有 f16-f19 断层带及 f20 切过。部分地段边墙稳定性较差。此方案比前方案稳定条件有了较大的改善，工程地质条件一般（图 6-9b）。主变室基本无大断层通过，稳定性较好。

（3）C 方案（沿原初设厂房轴线东移 135m，再南移 30m 方案）：顶拱在东部 30m 有 f30通过，稳定性较差，其余顶拱段均在Ⅱ类围岩中，稳定性良好。边墙除北边墙有 f20 通过外，其余部位无其他大断层通过。但因 f20 切过边墙高程已较低，可能失稳范围很小。总的来看，此方案厂房工程地质条件良好（图 6-9c）。但不利的是主变室中部被 f30 切过，稳定条件不及 B 方案。

从工程地质条件的角度说，在上述三个方案中，A 方案工程地质条件很差；B 方案工程地质条件比 A 方案有了较大改善，属一般；C 方案相对比较工程地质条件较好。

表 6-6　地下厂房各布置方案工程地质条件综合比较表

工程部位		比较因子＼方案	A：原初设厂房方案	B：东移 120m 方案	C：东移 135m，再南移 30m 方案	优选方案
地主厂房	断层	总条数	>11	12	11	C
		北东组大断裂带	f1-f3-f9、f16-f19 断裂带	f16-f19 断裂带	f30 断层	C
		近轴向断层	f1、f18、f20 断层	f20 断层	f20 断层	C
	顶拱	北东组大断裂带	f1-f3-f9、f16-f19 断裂带	基本无	f30 断层	B
		近轴向断层	f18、f20 断层	f20 断层	无	C
		围岩分类	Ⅳ-Ⅴ类围岩占 53%，其余为Ⅲ类	Ⅳ类围岩占 30%，其余为Ⅱ类，少数Ⅲ类	Ⅳ-Ⅴ类围岩占 15%，其余为Ⅱ类	C
	边墙	北东组大断裂带	过 f1-f3-f9、f16-f19 断裂带	过 f16-f19 断裂带	无	C
		近轴向断层	f1、f18 断层	过 f20 断层	过 f20 断层	C
		围岩分类	Ⅳ-Ⅴ类围岩>50%，其余为Ⅲ类	Ⅳ-Ⅴ类围岩占 10%，Ⅲ类 40%，Ⅱ类 50%	多为Ⅱ类围岩，Ⅳ-Ⅴ类占 10%	C
		围岩稳定性评价	边墙顶拱 50% 以上洞段均属不稳定岩体	顶拱 30%、边墙 40% 洞段为稳定性差岩体	顶拱 20% 洞段不稳定，边墙稳定性好	C

续表

工程部位	比较因子	A：原初设厂房方案	B：东移120m方案	C：东移135m，再南移30m方案	优选方案
主变室	大断裂切割	过f16-f19断裂带，过f20断层	东端被f30切一角	过f30断层	B
	围岩分类	Ⅳ-Ⅴ类围岩占35%，Ⅲ类40%，Ⅱ类25%	Ⅳ-Ⅴ类围岩占10%，其余为Ⅱ类	Ⅳ-Ⅴ类围岩占20%，其余为Ⅱ类	B
	围岩稳定评价	35%洞段为不稳定岩体，稳定性差	东端顶拱稳定性差，其余较好	洞室中段稳定性差，其余较好	B
方案比较		很差	一般	较好	C

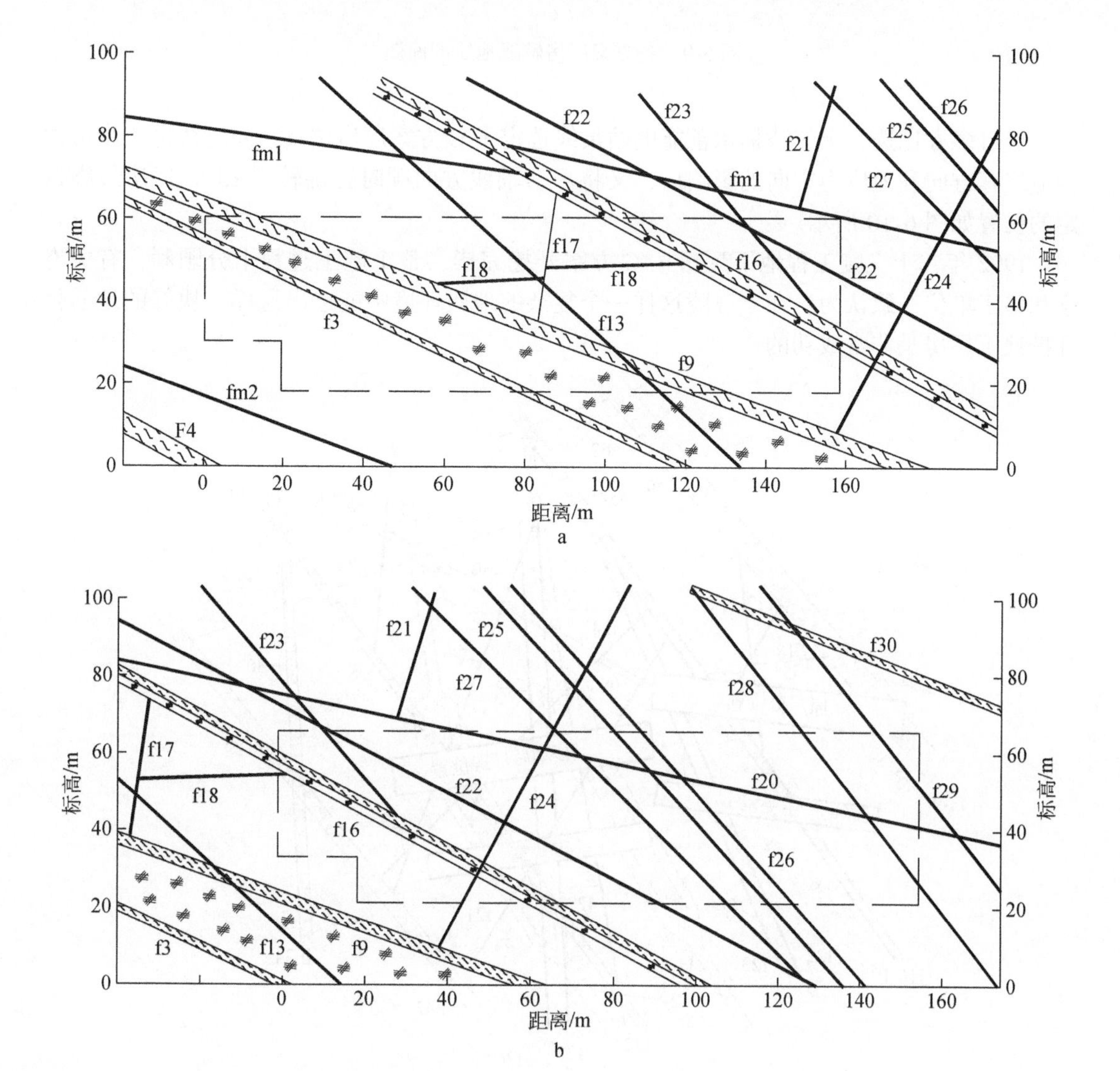

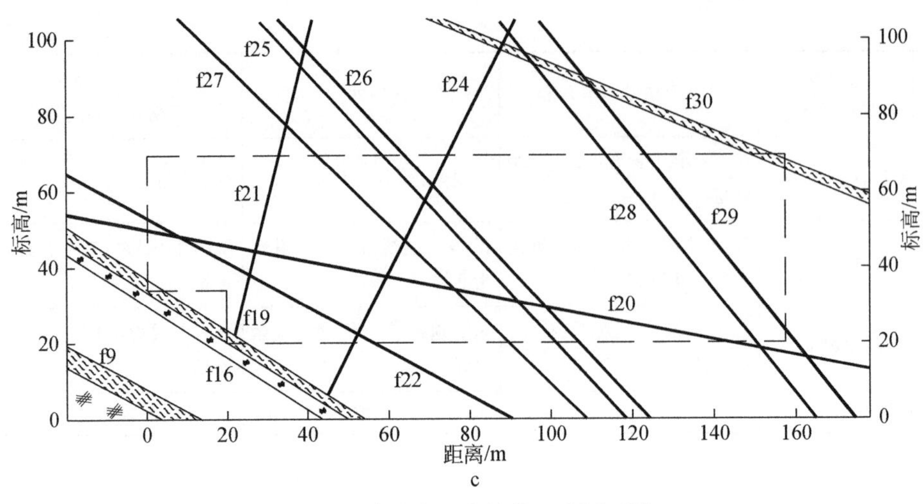

图 6-9　各方案厂房轴线地质剖面图

经过多方比选，十三陵抽水蓄能电站最终选定了 C 方案厂房位置。同时在进一步考虑构造发育方向和地应力方向的影响后，又将厂房轴线方向顺时针旋转了 15°。厂房最终选定的位置如图 6-10 所示。

1992 年，十三陵工程地下厂房按 C 方案开挖完毕，整个施工过程十分顺利，有关专家和施工单位一致认为：在十三陵这样一个复杂的地质环境中能选出这样一块好的地质体开挖地下厂房是非常成功的。

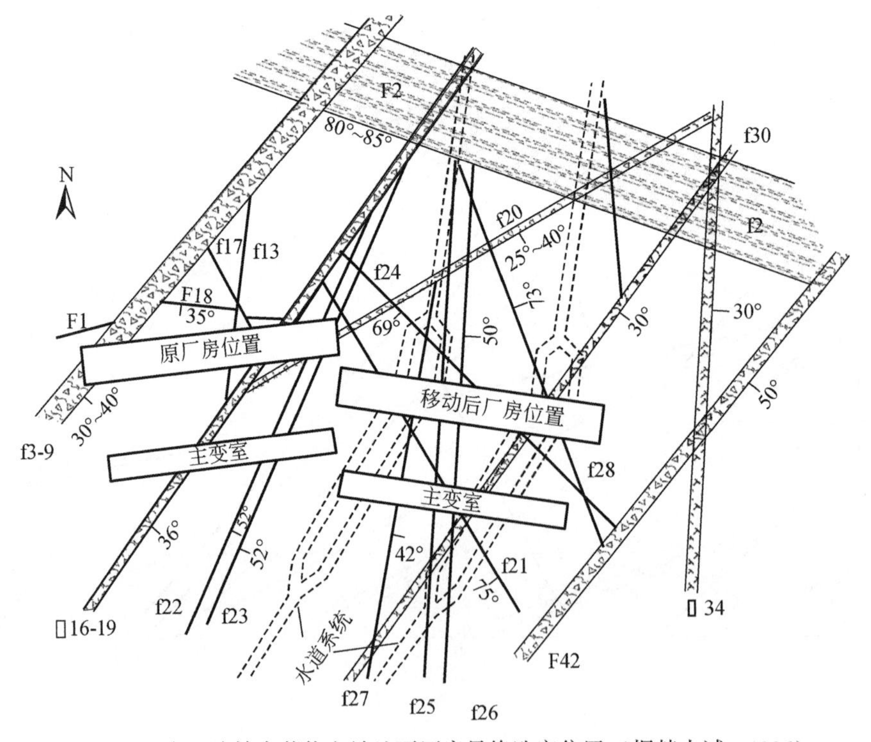

图 6-10　十三陵抽水蓄能电站地下厂房最终选定位置（据韩志诚，1996）

第7章　工程地质分析评价方法

7.1　工程地质评价概述

工程地质评价是工程地质勘察的一个重要组成部分，也可以说是工程地质勘察中最重要的部分，是勘察者针对拟建建筑物的特性与要求对承载建筑物的地质对象所做的总体认识，是工程建筑物与地质体做以良好结合的指导性意见。一般来讲一个完整的工程地质勘察包括工程地质勘探、工程地质分析评价、工程地质决策、工程地质处理、工程地质反馈五个步骤（图7-1）。工程地质评价是工程地质勘察的落脚点，它直接为工程设计提供有关参数和相关设计依据，也可以说是为工程设计提供有关基础的边界条件。

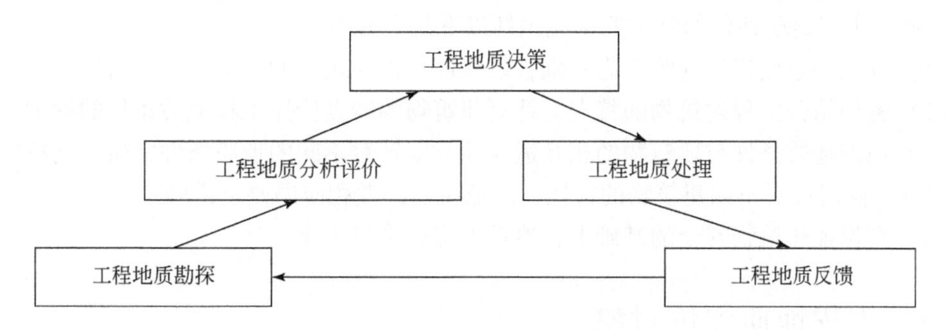

图7-1　工程地质勘察的五个步骤

所谓工程地质评价，也可称为工程地质条件评价，就是通过一定的勘察手段，应用工程地质学及其他相关学科的原理、方法，分析工程基础的性质、特征以及各种特征之间的相互关系，从而评价工程地质条件或工程地质环境对工程建筑物的影响程度。

在工程建设中，应该说只要工程是建于大地之上的，都有工程地质评价问题。依据工程建设的类型不同，可以有多种分类。从行业上可分为水利水电工程、矿山工程、铁路工程、公路工程、城市与工业建筑、海港工程等。根据工程地质特性可分为区域地壳稳定性问题、斜坡稳定性问题、地下工程问题、地基稳定性问题、环境工程问题等。上述每一个类型又都可以进一步细分为几种甚至几十种。由于工程类型繁多，加上自然条件的千变万化，每一个工程都有其自身的特点，可以说完全相同的两个工程几乎是没有的。这就给工程地质的评价造成了极大的困难。到目前为止也就很难找到一种通用的办法去评价所有工程的工程地质条件。

尽管工程地质评价是一个复杂的问题，但在各类工程的工程地质评价中也有许多共性的东西，如工程地质评价基本原则、评价对象、评价内容、评价结果等。

7.1.1 工程地质评价基本原则

工程地质学是为工程建设服务的科学，一般来讲除应研究各种建筑物地质条件的基本特性外，也要研究使建筑物在相应地质条件下保持稳定和正常使用所需采取的地基处理措施，同时还应研究建筑物的兴建对地质条件或环境的影响及其所产生的变化等问题。

工程地质之所以称为工程地质，其所研究的基本范畴就包括工程和地质两个方面。它不是纯粹意义上的地质问题研究，而是紧密结合建设的工程、针对工程建筑物的具体特征来分析研究地质条件，这是工程地质区别于其他地质学科的关键，也是工程地质分析评价的基本出发点。

工程和地质是密不可分的两个方面。工程建设中，如果将工程区所处的地质环境作为一个完整的系统，工程建筑物作为另一个系统，那么工程的勘察设计实际上就是将两个系统做最佳的耦合。工程地质评价就是为达到这种最佳的耦合对工程地质系统所进行的定性或定量的分析判断。

因此，工程地质评价的基本原则应包括以下几个方面。

（1）以工程地质资料的收集为基础，以保证工程建筑物的安全稳定为目标。

（2）密切结合工程建筑物的特点，针对建筑物的特点论述工程地质条件的优劣。

（3）强调地质条件与建筑物的相互适应性。即针对不同的地质条件，做不同特性建筑物的设计；同时针对不同建筑物的特性，对地质条件做相应的改良措施。

（4）在保证建筑物安全的基础上，追求工程造价最小化。

7.1.2 工程地质评价对象

进行工程地质评价，首先要确定评价对象。工程地质评价的对象因工程的需要而定，它可大可小，差异很大。

评价对象规模大时，可以是一个坝址、一个地区、一个河段，如××坝址工程地质评价、××地区工程地质评价等。评价对象规模中等时，可以对一个建筑物进行评价，如××地下厂房工程地质评价、××边坡稳定性工程地质评价、××大楼工程地质评价等。评价对象规模小时可对一个建筑物的某一具体部位进行评价，如地下厂房左边墙工程地质评价、溢洪道右边墩工程地质评价、××大桥×桥墩工程地质评价等。

工程地质评价对象确定以后，就可以进而做其他工作了。

7.1.3 工程地质评价内容

1. 工程地质评价因子及因子的确定

工程地质评价一般来说应包括分项评价和综合评价两个部分。分项评价是对那些对工程建筑物或工程区有影响的各种工程地质因素进行逐项分析评价；综合评价是对工程建筑物或工程区的工程地质条件的优劣进行总体的分析评价。分项评价是综合评价的基础，综合评价是分项评价的结论。同时综合评价也是采取工程地质措施和工程设计的依据。

工程地质分项评价的项目也可以称为评价因子。由于工程或建筑物具有不同的特点，工程地质评价因子不尽相同。有时评价因子可能是一些大项，如对某一个完整的工程来说评价因子可能包括区域环境、地形地貌、地层岩性、地质构造、风化卸荷、岩体结构及质量、水文地质条件、岩体物理力学性质等。有时评价因子可能是一些小项，如对建筑物的某一具体部位有影响的可能就是一条断层，这时评价因子将是断层宽度、延伸长度、断层充填物、起伏差、发育密度等。

实际工程中，各评价因子的优劣固然重要，但如何确定评价因子更为重要，尤其是应保证对工程有影响的所有因子无遗漏地列出。因为对于某一因子的优劣评价对于工程结果来说可能只是量的变化，而忽略了某一评价因子对工程结果将可能是质的变化，以往工程的失败往往都是对工程有影响的某一因子未得到充分的重视，甚至被忽略掉了。

评价因子的综合可以形成一个评价指标体系。指标体系是由总体评价指标和各个因子的单项评价指标共同组成的整体。

系统评价采用系统评价指标体系。指标体系是由系统总体评价指标和组成系统的各个因子的单项评价指标（按性质又划分为大类）共同组成的整体。

水利水电的总体评价指标通常要考虑如下方面：

（1）政策性指标：包括国家经济状况、电力发展需要、水电火电发展的平衡、蓄能电站在系统中所占的比例等；

（2）技术性指标：工程项目的地质条件、水电站的装机、坝高、蓄水水位，以及设备设施等技术性指标；

（3）经济性指标：包括工程投资、方案费用、资金占用量、回收期，以及利润和税金等；

（4）社会性指标：包括移民安置、生态环境、环境保护、水土保持、文物保护，以及其他社会等方面的影响；

（5）资源性指标：水利资源的合理开发利用等；

（6）时间性指标：如工程进度、工程勘察设计周期、建设周期等。

工程地质是水利水电工程建设的一个组成部分，在分析解决某一具体问题时，为使问题简单化，往往在上述评价指标中侧重于技术性指标和经济性指标，其他指标值作为参考，即所谓的系统简化。实际上评价某一具体工程地质问题时，评价指标往往是某些更具体的或者是工程地质特有的一些评价指标，如围岩分类、断裂影响程度、塌方量等。

评价因子的确定要实际、合理、科学，并为大多数人员和部门所接受。在确定评价因子时，应注意以下几个关系：

（1）因子分类和数量问题：一般地说，评价因子涉及的范围越宽，个数越多，则综合评价的结果越能反映实际情况，越趋于合理，因而有利于工程地质条件的判断和评价。但此时将评价因子进行归类和确定各因子的重要程度也就越困难，歪曲方案本质特性的可能性也越大。因此，确定评价因子类别和各因子的重要程度是关键。

（2）各因子之间的相互关系问题：在确定某一单项因子时，一定要注意避免因子间的重复使用。如断层影响程度与断层宽度一般不可同时作为两个独立的评价因子，因为后者已包含在前者之中。

（3）评价因子的提出和确定问题：评价因子的制定要求尽可能地做到科学、合理、实用。

（4）各评价因子应尽可能有量化评价的可能，以便对各影响因子和综合评价进行定量评价。

指标体系实际上也是决策过程中对某一问题进行决策时的决策判据。

2. 系统目标的冲突

在系统分析过程中，许多因子存在相互冲突现象，有时因子的冲突引起系统目标的冲突。如在工程处理中，时时遇到这样两个分目标：一是尽可能低的工程投资，二是尽可能高的安全系数。

根据经验可知，这两个分目标常常很难同时完全实现的。在一般情况下，具有较高安全系数的工程处理措施，工程造价就较大。这样就给目标分析和决策带来了困难。解决这类矛盾，可能有两种做法：①坚持建立一个没有矛盾目标的目标集，把引起矛盾的分目标剔除掉（如费用）。②采纳所有分目标，在并存的冲突目标中寻求一个平衡方案。工程实际中的做法一般是后者。

对于相互冲突的目标，在处理时要分析目标冲突的程度，这时有两种情况：①目标冲突但有相容或并存的可能性。这种情况叫作目标的弱冲突，这时原则上可以保留两个目标。在实践中常是对弱冲突的一方给以限制，而让另一方达到最佳程度。比如，在确定的费用界限下，获取最大的安全系数。②绝对相斥，即目标的强冲突，这就必须改变或放弃某个目标。

7.1.4　工程地质评价结果

工程地质评价的最终目标是对于某一评价对象做出一个评价结果。评价结果一般包括三类：可行性评价、优劣评价和数值及分值评价。

1. 可行性评价

针对一个工程项目或工程建筑物，从工程地质条件的角度来说是否可行即为可行性评价。这种评价的结果只有两个，要么可行，要么不可行。这种评价往往是在工程勘察的早期阶段做出，一般它是一种比较粗略的、概念性的评价。

可行性评价是一个相对性的评价。可行与否是相对的，理论上说没有绝对的不可行，也没有绝对的可行，可行都是在一定条件下的可行。如果某一问题的评价结果为可行，但其先决条件过于苛刻或超过了某一界限，那么实际上这一问题的评价结果就是不可行。

2. 优劣评价

工程实际中，往往仅仅给出可行不可行是不够的，由于工程地质条件的复杂性，工程地质条件的评价也往往难以仅仅用可行或不可行做简单的概括。一般来讲，任何一个地质体都存在一定的地质缺陷，将地质缺陷作适当的处理就可以将地质条件进行改良，变不可行为可行。工程处理的工程量往往是与地质缺陷的严重程度有关。因此工程地质条件的评价也就应该是针对不同的地质条件给出不同程度的评价，这种评价可以称为工程地质条件的优劣评价。目前工程地质条件的优劣程度尚无统一的级别或划分标准。一般可根据几项指标将被评价的对象划分为好、较好、一般、较差、差五等，也可以分别称为优、良、中、差、劣。

3. 数值及分值评价

在工程实际中，有时用优劣评价仍显得粗糙，难于进行方案的比较，因此有时需要进行定量的评价。由于工程地质条件的复杂性和资料的有限性，完全做到定量评价常常是困难的。但对于一个具体的工程地质问题，或一个具体的工程部位，或某一个或几个工程地质指标，是可以用数值的大小做出评价的。这种数值评价有时是一个数值，如抗滑安全系数、抗剪指标、安全坡角等；也可以是一个人工给定的值，如某一条件的优劣可以分别赋予不同的分值。

7.2 工程地质分析评价基本方法

经过多年的工程地质实践，我国工程地质科技工作者已总结出了多种工程地质分析评价方法，为我国的工程安全、经济、合理的建设起到了重要的作用。工程实际中采用的分析评价方法不尽相同，目前也无人对这些方法进行过系统的归纳总结。根据所收集到的资料，将工程地质分析评价基本方法暂归纳为四种，即标准对比法、图形分析法、数值计算法和分区分类分级法。

7.2.1 标准对比法

标准对比法就是首先建立一个可供参考的标准，然后将工程建设中所面对的工程地质条件与参考的标准进行对比分析，从而对该工程的工程地质条件有一个优劣的评价。

根据参考标准目前制定与否，这种方法可以分为已建标准对比法和未建标准对比法。

1. 已建标准对比法

工程地质学经过多年的研究和工程实践，已积累了大量的资料。有些已形成了系统的规程规范，如水利水电工程地质勘察规范、水利水电工程各设计阶段工程地质勘察工作深度和质量要求、工程岩体分类规程、堤防工程地质勘察规程等。有些是一些单项标准，如洞室围岩分类、坝基岩体分类、岩石强度分类、岩心采取率分类等。在一个工程中，如果要评价某一项地质条件的优劣，只需将被评价工程的有关评价因子与上述相应标准进行对比即可，对比后就可以对该工程的某一评价因子或综合工程地质条件有一个评价。这种方法是工程地质评价中目前所采用的最基本的方法。

2. 未建标准对比法

由于工程地质条件的多样性和复杂性以及认知的局限性，在工程地质评价中目前还有相当多的项目没有制定出一个通用的、被大多数人所接受的标准，这就给工程地质评价带来了一些困难。为了解决这一问题，实际工程中可以针对工程的特性，自行制定适合于本工程的标准，如对工程部位进行分区、对工程地质条件进行分类分级等，然后对各部位或各项工程地质条件进行评价。

7.2.2　图形分析法

图表具有简单明了等特点。工程地质评价中对于某些问题或某些项目有时可以用图表表示，常用的方法有以下几种。

1. 图表分析法

图表分析是工程地质评价中最常用的一种方法，根据已取得的某些地质指标，与相关图件进行对比或绘制相关的图件，就可判断出工程地质条件的优劣。如知道了砂砾石的级配后，与混凝土用骨料级配标准界限图进行对比，就可以知道此砂砾石是否可以用作混凝土骨料。各种规程规范的后附图表相当一部分均属于此类。

2. 图解分析法

图解分析即利用图解形式直接对工程地质条件进行分析判断，边坡稳定玫瑰图、实体比例投影图、楔体赤平投影和全空间赤平投影均属此类方法。严格说，这些分析仍属定性范畴。

图解分析法的优点主要在于省略了烦琐的计算，快速、直观；缺点是带有一定的经验和概念性，因此一般用在初步分析。

3. 图算分析法

为了克服图解法的缺陷，可以在做图的基础上进行相关计算，从而对相关工程地质条件做出评价，比较典型的例子是坐标投影法。这种方法是以正投影理论为基础，并吸收赤平极射投影的某些概念方法。它基本包括两部分：一是块体几何条件（包括块体的形状、大小、重量、重心、空间位置、界面面积及各块体间的关系等）的确定；二是块体的力系分析，用坐标投影可以求出作用在块体上各种力的合力和合力偶矩，进而分析判断块体的稳定性。

7.2.3　数值计算法

数值计算法包括数学计算和数值模拟两部分。

数学计算是利用数学的方法对工程地质的某些指标或数据进行统计计算，从而对工程地质条件进行分析评价，如岩土物理力学指标的统计计算、天然建筑材料储量的计算等均属于此类方法。数值模拟是在建立工程地质模型的基础上，对工程地质体进行二维或三维的数值模拟，从而对相关问题进行分析评价。

随着计算机技术的发展，给大规模的数值分析带来了可能。工程地质目前使用的数值计算法种类繁多，这里仅介绍几种简单常用的计算方法。

1. 刚体极限平衡法

刚体极限平衡法是研究坝基及坝肩稳定时常用的方法。此方法概念明确、操作简单，被国内外许多工程所应用。它在确定某一地质体滑动面、临空面、基岩抗力等条件及其地质结构模型（或概化地质模型）的基础上，计算分析各块体的受力状态，从而分析评价各块体或某一地质体的安全稳定性。

2. 有限元法和边界元法的数值分析

有限元分析是大中型水电工程和岩土工程中普遍采用的分析方法，二维或三维的渗流计算中也常采用此方法。

有限元法的基本原理是将一个连续体散化，变换成为有限数量的、大小不同的单元体集合，单元体之间通过结点来连接和制约，且共同承受外部荷载与内力，然后就每个结点建立平衡方程，并变换为以结点位移为未知数与结点力的关系方程，求出结点位移并根据位移计算单元应力。最后，根据各单元的已知力学强度参数进行强度判别从而评价边坡岩体的稳定性。

应当指出，有限元计算成果是否符合边坡的客观实际，取决于对岩体基本性质的了解深度和对各种地质因素的科学简化，以及各项参数的合理选取。所取边界的不合理也能造成应力的畸变，单元体尺寸不合适也可造成应力突变的假象。

3. 离散元法

离散元法也是应力-应变分析方法之一，发展晚于有限元法。这一方法是一种动态分析，较有限元法更便于变形分析，分析对象是被离散化的且假定为刚性的块体，通过考虑各结构面的力学习性（刚度、阻尼等），建立各单元（块体）间的连接和接触关系，对单元进行受力状态分析，并基于牛顿第二定律建立其运动方程，然后进行系统运动状态的组合分析。该法在解决块体运动时，采用对块体运动时逐步积分的数值技巧，因而可得出各块体的变形全过程，具有方便、快速、花费少和动态显示的优点。

4. 模糊数学方法

工程地质分析评价中，目前正向多因素综合评价的方向发展。由于自然条件的多样性和某些指标的分散性，无论哪一种指标都有一定的局限性，究竟应该考虑哪些最基本的因素？这些因素用什么指标反应？如何综合评价？针对这些问题，有人采用模糊数学的方法来解决并已取得了初步成果。

5. 概率分析法

概率分析法目前也已在有些工程中采用。以边坡稳定为例，以极限平衡法分析边坡稳定性时，安全系数（K_c）是一系列参数的函数，表示为

$$K_c = \frac{f}{X_1, X_2, \cdots, X_n} \tag{7-1}$$

式中，X_1，X_2，…，X_n 是一些具有某种分布的随机变量，所以函数 K_c 也是随机变量，且按一定的分布规律分布在一定范围内。为了求得 K_c 的分布，首先要确定各计算参数的分布形式，即其密度函数，通过计算，确定边坡的破坏概率。

7.2.4 分区、分类、分级法

分区、分类、分级是工程地质分析评价中最重要的手段，此种方法虽然原理简单，但是十分重要和有效。在勘察工作前期地质资料比较缺乏的时候可以采用此种方法，即使到了施工期这种方法也常常被采用。工程地质评价时如果仅仅给出笼统含糊的评价难以给人一个清晰明了的概念，也常常难以满足工程的要求。因此就需要按照分析的方法，将某一工程区或地质体进行分区、分类、分级，并对各区段或类别给出不同的描述指标或文字，这样就可以使被评价的对象有定量或半定量的结论。

这种方法实际运用较多，如坝基岩体质量分类、洞室围岩分类等。实际上，即使目前的规程规范或有关资料中没有现成的分区分类标准，工作中也可以自行制订标准，对该工程的某一地质体或某一区段做出合适的分析评价。

7.3 工程地质综合评价方法

工程地质综合评价，就是把被评价的工程地质条件或工程地质问题与其周边介质环境综合考虑，作为一个完整的系统进行评价。

系统的评价包括两个方面：一是构成系统各因子的评价；二是系统的综合评价。如果把某一工程建筑物或工程区作为一个系统考虑，这两种评价也可以称为系统的综合评价和构成系统各因子的评价。

7.3.1 系统的构成及各因子评价

任何系统都是由几个因子构成的。如地下厂房工程地质系统就包括岩性、断层、裂隙、地下水、地应力等几个因子。评价一个地下厂房工程地质系统的优劣，我们既关心该地下厂房系统总体的优劣（系统综合评价），也关心构成总系统各因子的优劣。

如图 7-2 所示，假设一个系统是由 n 个因子构成，系统因子的评价就是分析计算构成系统的各因子的评分，即计算系统的 v_1，v_2，v_3，…，v_n值。

$$V = v_1 + v_2 + v_3 + \cdots + v_n = \sum v_i \tag{7-2}$$

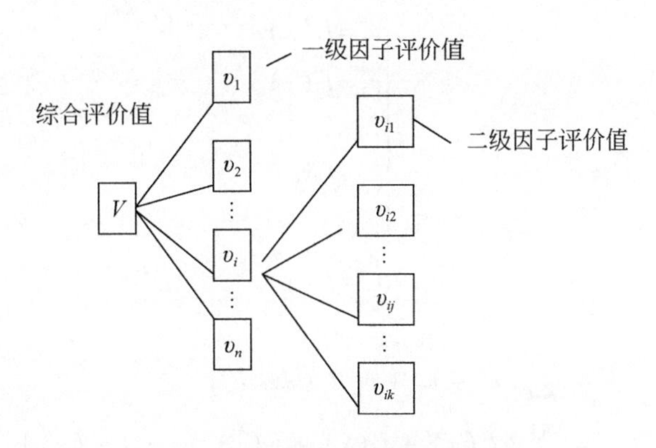

图7-2　系统综合评价与因子评价

系统因子的评价就是分析计算构成系统的各因子的评分，即计算系统的 v_1，v_2，v_3，…，v_n值。

系统的综合评价与系统内各因子的评价二者之间的关系，可以用图7-3表示。在图中，f_1，f_2，f_3，f_4，f_5所对应的条形面积（v_i）为各因子评价值，而几个因子共同组成的阴影总面积（$\sum v_i$）为系统综合评价值。系统各因子的评价关心的是各条形面积（v_i）在系统中总面积（$\sum v_i$）的比例，而系统综合评价关心的是这一系统的总面积（$\sum v_i$）与另一比较系统总面积（$\sum v_i$）的大小比较。

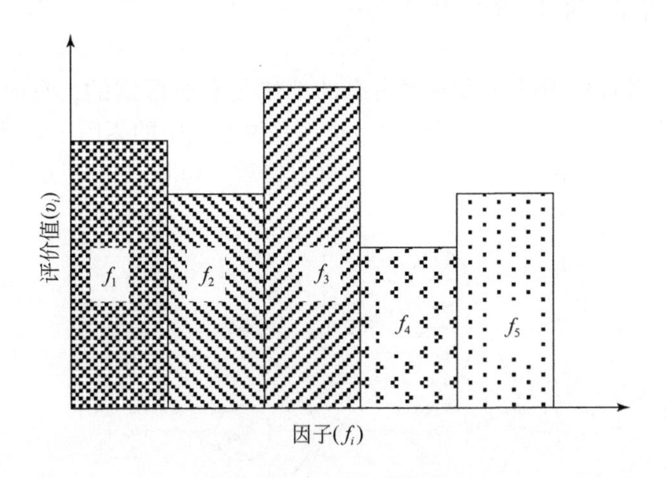

图7-3　系统各因子评价值

实际工程中，对于式（7-2）中的 v_1，v_2，v_3，…，v_n有时同为某一自变量的函数，即

$$
\begin{cases}
v_1 = f_1(x) \\
v_2 = f_2(x) \\
\cdots \\
v_i = f_i(x) \\
\cdots \\
v_n = f_n(x)
\end{cases}
\tag{7-3}
$$

此时：

$$
\begin{aligned}
V &= \sum [v_1 + v_2 + v_3 + \cdots + v_n] \\
&= \sum [f_1(x) + f_2(x) + f_3(x) + \cdots + f_n(x)]
\end{aligned}
\tag{7-4}
$$

也可以简写为

$$
V = f(x) \tag{7-5}
$$

例如，选择地下厂房位置时，随着厂房位置向某一方向的移动，厂房部位的岩性、构造、地下水等因子都将发生变化。这时诸因子（f_i）就可以表示为移动距离 x 的函数。亦即随着 x 的变化，f_i随之改变，同时整个系统评价指标（V）也随之改变。当 x 确定为某一数值时，f_i也就确定了几个特征值，此时也就相应地有了几个比选方案及其相应的系统，分析各系统诸评价因子（v_i）的特征和各系统综合评价值（V），就可以知道各系统的优劣。

7.3.2　系统评价因子权重的确定

工程实际中，各评价因子在系统中占有的地位是有所区别的，有时是岩性起主导作用，有时是断裂构造或地应力起主导作用。也就是说系统中的诸因子在系统中具有不同的权重（图 7-4）。在评价中对各因子给予不同的权重，可以使工程地质评价更趋于科学合理。

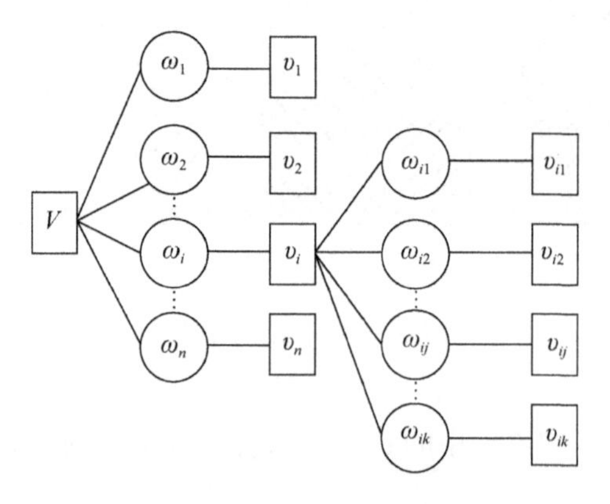

图 7-4　评价值与权重分配

权重的分配应该采取从粗到细的给值方式，先粗略地把权重分配到指标大类，然后再把大类所得的权重细分到各个指标。保持了大类指标权重的比例就从整体上保证了评价的协调和评价的合理性。

如某水库防渗方案选择时，各大类指标权重分配如表 7-1 所示。

表 7-1　某水库防渗方案选择评价因子权重分配

指标大类	权重（ω_i）
经济性指标	20
技术性指标	40
社会性指标	30
运行性指标	10
合计	100

指标大类得到的权重再细分到二级指标。例如，其中的技术性指标大类的权重再分配如表 7-2 所示。

表 7-2　某水库防渗方案选择技术性评价因子权重再分配

	指标名称	权重（ω_{ij}）
技术性指标	有效库容	10
	水库渗漏量	8
	防渗工程量	10
	施工难度	5
	工程造价	7
	合计	40

权重分配应反复考虑并灵活处理，避免轻率地确定某一因子权重，特别是应避免某人对某一指标的片面认识，从而使权重分配尽量达到合理。

7.3.3　系统因子的评分标准

工程中系统因子的评分可以考虑按如下几种方法计算。

1）通用标准

由于系统各因子常常是不可直接比较的（如岩性的优劣和构造的发育程度是完全不可比的两个概念），其相应的评价指标的含义也就不同。为了综合评价，必须用相对评价表示其工程地质状态。例如，采用 10 点制，即最好的状态得 10 分，最差的状态得 0 分。通过对各指标地质状态的分析，将该指标在 0 ~ 10 赋值，从而达到各项指标评价尺度的统一。

例如，将系统中每一因子均分成 10 个等级。如岩性，最坏的定为 0 分，最好的定为

10 分。断层、裂隙、地下水等也依此法制定 10 个等级和 10 个分值。这样就形成了一套通用的标准。在进行系统因子评价时，只要知道被评价系统某因子的具体情况，就可以知道其所对应的评价分值 v_i。所有系统因子评价分值的总和即为系统综合评价分值。

这种评价方法的优点是具有通用性，即不仅本工程相关系统可以进行比较，不同的工程也可以进行比较。例如，若将某种花岗岩定为 7 级，那么它在任何工程中都是 7 分；若将地应力 $\sigma_1 = 10\text{MPa}$ 定为 5 级，在任何工程中只要 $\sigma_1 = 10\text{MPa}$ 时，该因子评分也就取值 5，等等。

但这种方法也有明显的缺点：一是目前还没有人或部门制定出这样的标准，所以目前还无法在工程实际中应用；二是即使着手制定这样的标准，由于系统的复杂性、系统因子个数及相互关系的不确定性，也是很难给出这样一套标准的。同时，即使是同一个因子，如岩性，在甲系统中可能是较差因子，而在乙系统中却可能是较好因子。因此为了使系统可以进行评价比较，就要将这种标准制定得非常详细，而过于繁杂的标准常常是难于实现的。

2）最好最坏标准

为了克服上述标准的缺陷，实际工程中可以采用最好最坏标准。即在本工程内几个对比方案中，将各方案工程地质系统共有的某一因子，最好的定为 10 分，最坏的定为 0 分，中等的依其优劣程度内插于 0 ~ 10。这样几个比较系统中，各因子就有了相应的评分 v_i，也就有了系统的综合评分。

这种评价方法因为是针对某一工程，甚至是针对某一工程具体问题制定的，所以其对本工程（问题）应用十分有效，但也因此具有一定的局限性，很难应用于其他工程上。但是这种方法简便易行，在工程实际中便于应用。

3）理想状态标准

除去最好最坏标准之外，工程中根据实际情况，还可以采取理想状态标准。即将某一系统因子理想状态定为 10 分，最不利状态定为 0 分；其余的依工程实际优劣程度内插于 0 ~ 10。依此计算系统因子评分 v_i 和系统综合评分 V。

7.3.4 系统综合评价

系统的综合评价是对系统总体的优劣评价，即对某一工程建筑物或工程区工程地质条件优劣的总体评价。如抽水蓄能电站规划选点阶段可能同时选择三个比较站址，通过勘察工作如认为甲站址优于乙站址，乙站址优于丙站址，这就是说甲系统总体上优于乙系统，乙系统总体上优于丙系统。系统总体的评价用系统综合评定总分 V 来度量。

系统优劣的评价与比较，实际上就是比较各相关系统的 V 的大小。工程中一般是系统评价值最大者（$V_{\max}$）为最优系统。该系统所对应的方案即为最优方案。

总体的综合评价是以分项评价为前提的。

1. 无权重因子系统评价

根据以上分析可知，工程进行决策实际上就是对几个比选方案进行系统分析，搞清系统结构，找出影响系统总目标的几个主要因子。一方面对系统各因子进行评价，另一方面对系统总体进行综合评价。这种方法在工程经济学中叫价值分析法。

将各系统因子评价分值填入表7-3，并计算系统综合评分 V_1、V_2、V_3并进行比较，即可知各方案的优劣。

表7-3　无权重因子系统评分及各比较系统综合评分

因子	f_1	f_2	…	f_i	…	f_n	Σ
系统1	v_{11}	v_{12}	…	v_{1j}	…	v_{1n}	V_1
系统2	v_{21}	v_{21}	…	v_{2j}	…	v_{2n}	V_2
系统3	v_{31}	v_{31}	…	v_{3j}	…	v_{3n}	V_3

2. 有权重因子系统评价

决策就是权衡。权是权重，衡是比较。不管何种决策方法其实质都是一致的，都是权衡，只是量化及复杂程度不一样。

工程实际中，各评价因子在系统中占有的地位是有所区别的，有时是岩性起主导作用，有时是构造或地应力起主导作用。也就是说系统中的诸因子在系统中具有不同的权重（图7-4）。

价值分析法的基本思想是把综合评价大类指标中每个指标得到的评价值（v_i）按该指标大类中的重要程度给以权重（ω_i），从而得出大类综合结果的方法。

如果把权重考虑到系统分析与评价之中，就应该将系统各因子的评价值（v_i）乘上权重（ω_i）进行修正。

综合评价值的表达式为

$$v = \sum_{i=1}^{n} v'_i = \sum_{i=1}^{n} \omega_i v_i \tag{7-6}$$

式中，v 为大类指标或几大类指标的综合评价值。

修正后的结果填入表7-4中，选出系统综合评分最高者，即为最优方案。

表7-4　有权重因子系统评分及各比较系统综合评分

因子	f_1	f_2	…	f_i	…	f_n	Σ
权重	ω_1	ω_2	…	ω_i	…	ω_n	
系统1							
系统2				$\omega_i v_i$			
系统3							

3. 概率型因子系统评价

由于工程中工程地质条件的复杂性，工程中某些因素出现与否常常是不确定的。系统中的某一因子若出现，可能使工程地质系统变得比较复杂；若该因子不出现，工程地质系统将会简单一些，工程地质条件也可能改善许多。为了准确合理地描述系统中的这种随机特性，可以用出现概率（p_i）来表示因子出现的可能性大小，并依概率计算各因子的评价值和系统的综合评价值（表 7-5）。综合评价值最高则系统最优。

表 7-5　有权重有概率系统因子评分及各比较系统综合评分

因子	f_1	f_2	…	f_i	…	f_n	Σ
权重	ω_1	ω_2	…	ω_i	…	ω_n	
出现概率	p_1	p_2	…	p_i	…	p_n	
系统 1	v''_{11}	v''_{12}	…	v''_{1i}	…	v''_{1n}	V_1
系统 2	v''_{21}	v''_{22}	…	v''_{2i}	…	v''_{2n}	V_2
系统 3	v''_{31}	v''_{32}	…	v''_{3i}	…	v''_{3n}	V_3

$$\begin{cases} v''_1 = p_1\omega_1 v_1 \\ v''_2 = p_2\omega_2 v_2 \\ \cdots \\ v''_i = p_i\omega_i v_i \\ \cdots \end{cases} \tag{7-7}$$

$$\begin{cases} v'_1 = \omega_1 v_1 \\ v'_2 = \omega_2 v_2 \\ \cdots \\ v'_i = \omega_i v_i \\ \cdots \end{cases} \tag{7-8}$$

系统的综合评价值为

$$v = \sum_{i=1}^{n} v''_i = \sum_{i=1}^{n} p_i\omega_i v_i \tag{7-9}$$

7.4　几种典型工程地质条件的评价方法

7.4.1　区域构造稳定性评价

区域稳定性评价的最终目标是预测不同地区可能遭受的地震危险或危害程度，即所谓地震区划。我国对地壳稳定性与地震区划的评价和预测方法在 20 世纪 50 年代采用地震烈度区划图的方法。70 年代采用第二代地震烈度区划图的方法（确定性方法）。我国在 2001 年出版的《中国地震动参数区划图》即采用了地震危险性概率分析法（非确定性方法），它对某场地未来某时间段可能出现的最大地震强度（包括烈度、速度、加速度、位移等）做出了恰当的估计，并提出工程设防水平的概率标准。工程部门可依据工程重要性和使用期不同，采用概率含义的烈度、峰值加速度等参数。

区域构造稳定性综合评价的基本思想是综合地质和地球物理现象、地震及断裂活动引起地质灾害对建筑物的影响，定量和半定量来判定一个地区的区域构造稳定性。在中国，目前尚无成熟一致的分级分区评价方法，但一般都是把区域地壳稳定性按四级标准划分，即稳定区、较稳定区、较不稳定区和不稳定区（李兴唐等，1987）。

不稳定是指区内存在强烈活动断裂或附近有强烈活动断裂、历史上是强烈地震震中区、可能发生强震，影响该区烈度为Ⅺ度以上，可能引起区内某些断裂复活及山体失稳、地表开裂，不宜规划建设或需采取特别防护措施才能进行建筑的区域。

较不稳定区是指区内或附近活动断裂发震、影响烈度为Ⅷ～Ⅹ度，也可能引起某些坡体失稳以及某些地段地面发生震陷、变形破坏，进行建筑必需抗震设防的区域，特别重要的建筑如核电站不宜建在这类地区。

较稳定区自身存在发震构造，但震级低，地震烈度基本为Ⅶ度，受邻区地震影响烈度也不大于Ⅶ度，地震作用对岩土体的稳定影响不大，除特殊重要建筑物外，一般建筑物可进行简易抗震设防的区域。

稳定区则是指基本烈度为Ⅵ度或Ⅵ度以下，地壳及其表面处于稳定状态，地震活动低或处于无震状态，一般建筑物不需设防的区域。

区域地壳稳定性的等级划分见表7-6。

7.4.2　坝基岩体质量评价

我国坝基岩体分级在20世纪50～70年代中期，主要以岩体风化程度作为岩体工程地质分类标准。以中国科学院地质研究所谷德振教授为首创建的岩体工程地质力学方案在地下及地面工程得到广泛应用（谷德振，1979）。同时也有众多学者提出过适用于不同工程特性的岩体质量评价方法。进入80年代，我国坝基岩体分类及岩体质量评价，已由单因素向多因素，由定性向定量方向发展。国标《水利水电工程地质勘察规范》（2008年）提出的坝基岩体工程地质分类，主要依据岩石强度、岩体结构特征、岩体受力条件等基本因素进行分级，同时给出各类岩体力学参数，做到了定性与定量相结合（表7-7）。

在坝基岩体质量评价的基础上，随着计算技术的发展，水电工程坝基岩体稳定分析评价也有了很大的发展。大型工程坝基岩体稳定分析与评价，已形成较完备的三结合研究体系：刚体极平衡法、有限元法、地质力学模型试验法。各种资料相互印证，为坝基的总体安全评价提供了更为充足的依据。国内坝基稳定分析方法见图7-5。

7.4.3　库岸稳定性评价

库岸变形主要有坍岸（平原、丘陵型水库）、崩塌和滑坡（山区峡谷型水库中较多）、蠕变（是山区库岸崩塌和滑坡的前兆）等。

影响库岸变形的因素主要有岸坡结构特征和各种外力作用，前者可称为影响库岸变形的内在因素，后者是外部诱发因素，可用框图表示（图7-6）。较大的库岸变形一般是以某种因素为主，多种因素综合作用下发生的。从大量的岸坡变形实例分析，岩（土）层的

表 7-6 区域地壳稳定性分级和指标综合表（据李兴唐等，1987 修改）

稳定性等级	地质						地震			地球物理				工程建设适宜性及抗震措施
	地壳结构与大地构造、深断裂特征	第四纪地壳运动升降速率（S_v）和火山运动	断裂新活动性			叠加断裂角（α）	最大震级（M）	基本烈度（I）	水平加速度（K）/g	大地热流值（Q）/（mW/m^2）	布格异常梯度值（B_s）/（mGal/km）	地壳静压力强度偏差值（ΔP_x）/10^5 Pa	地壳应变能量（E）/J	
			年龄/10^4 a	地质活动速率/（mm/a）	综合评价									
稳定区 Ⅰ类	地盾、地台，前新生代造山带，缺乏深断裂，地壳完整性好，块状结构	均匀上升或沉降，S_v < 0.1 mm/a，有火山运动	>240 或 73 ~ 240	0 ~ 0.1	不活动	$\alpha_1 = 0° \sim 10°$ $\alpha_2 = 71° \sim 90°$	$\leqslant 5\frac{1}{4}$	≤Ⅵ	0.062	≤60	无梯度带或 <0.60	≤60	$\leqslant 2.5\times10^6$	适宜所有类型工程建筑，不需或做适当抗震设计
较稳定区 Ⅱ类	古生代及中生代造山带，地台边部，深断裂较发育，地壳呈菱形、四边形断块，地壳较完整，镶嵌结构	不均匀升降或轻微的断块差异运动带，S_v = 0.1 ~ 0.4mm/a，无第四纪火山	6 ~ 73	0.1 ~ 1.0	不活动或微活动	$\alpha_1 = 11° \sim 24°$ $\alpha_2 = 51° \sim 70°$	$\leqslant 5\frac{1}{4} \sim 5\frac{3}{4}$	≤Ⅶ	0.125	60 ~ 75	0.60 ~ 1.0	60 ~ 300	$3.4\times10^6 \sim 4.7\times10^6$	适宜所有类型工程建筑，需做抗震设计
较不稳定区 Ⅲ类	新生代造山带和裂谷带，第四纪复活古裂带边缘区，大地构造单位接壤带，深断裂发育、地壳破碎呈块裂结构	显著的断块差异运动带，S_v = 0.4 ~ 1.0mm/a，存在第四纪早、中期火山	1.1 ~ 6	1.0 ~ 10	较强活动	$\alpha = 25° \sim 50°$	$6\frac{1}{2} \sim 7$	Ⅷ ~ Ⅸ	0.25 ~ 0.50	76 ~ 85	1.1 ~ 1.2	>300	$1.9\times10^7 \sim 4.5\times10^7$	有条件适宜大型和生命性工程，需做专门抗震设计
不稳定区 Ⅳ类	新生代板块碰撞带，裂谷带，近代板块消减带，现代大陆边缘岛弧区，深断裂发育、地壳破碎呈块裂、碎裂结构	强烈的断块差异运动带，S_v>1.0mm/a，存在第四纪晚期和近代火山	<1.1	>10	现代强烈活动	$\alpha = 25° \sim 50°$	>7	>Ⅸ	>0.5	>85	>1.2	>300	4.5×10^7	不适宜大型工程建筑

表 7-7　坝基岩体质量分类（据中华人民共和国住房和城乡建设部和中华人民共和国国家质量监督检验检疫总局，2008）

类别	A 坚硬岩（R_b>60MPa）		B 中硬岩（R_b=30～60MPa）		C 软质岩（R_b<30MPa）	
	岩体特征	岩体工程性质评价	岩体特征	岩体工程性质评价	岩体特征	岩体工程性质评价
Ⅰ	$A_{Ⅰ}$：岩体呈整体状或块状、巨厚层状、厚层状结构，结构面不发育–轻度发育，延展性差，多闭合，具各向同性力学特征	岩体完整，强度高，抗滑、抗变形性能强，不需做专门性地基处理。属优良高混凝土坝地基	—	—	—	—
Ⅱ	$A_{Ⅱ}$：岩体呈块状或次块状、厚层结构，结构面中等发育，软弱结构面分布不多，或不存在影响坝基或坝肩稳定的楔体或棱体	岩体较完整，强度高，软弱结构面不控制岩体稳定，抗滑抗变形性能较高，专门性地基处理工作量不大，属良好高混凝土坝地基	$B_{Ⅱ}$：岩体结构特征同$A_{Ⅰ}$，具各向同性力学特性	岩体完整，强度较高，抗滑、抗变形性能较强，专门性地基处理工作量不大，属良好高混凝土坝地基	—	—
Ⅲ	$A_{Ⅲ1}$：岩体呈次块状或中厚层状结构，结构面中等发育，岩体中分布有倾角或陡倾角（坝肩）的软弱结构面或存在影响坝基或坝肩稳定的楔体或棱体	岩体较完整，局部完整性差，强度较高，抗滑、抗变形性能在一定程度上受结构面控制。对影响岩体变形和稳定的结构面应做专门处理	$B_{Ⅲ1}$：岩体结构特征基本同$A_{Ⅱ}$	岩体较完整，有一定强度，抗滑、抗变形性能受结构面和岩石强度控制	$C_{Ⅲ}$：岩石强度大于15MPa，岩石呈整体状或巨厚层状结构，结构面不发育–中等发育，岩石具各向同性力学特性	岩体完整，抗滑、抗变形性能受岩石强度控制
	$A_{Ⅲ2}$：岩体呈互层状或镶嵌碎裂结构，结构面发育，但贯穿性结构面不多见，结构面延展差，多闭合，岩块间嵌合力较好	岩体完整性差，强度仍较高，抗滑、抗变形性能受结构面和岩块间嵌合能力以及结构面抗剪强度特性控制，对结构面应做专门性处理	$B_{Ⅲ2}$：岩体呈次块状或中厚层状结构，结构面中等发育，多闭合，岩块间嵌合力较好，贯穿性结构面不多见	岩体较完整，局部完整性差，抗滑、抗变形性能在一定程度上受结构面和岩石强度控制		

续表

类别	A 坚硬岩（R_b>60MPa）		B 中硬岩（R_b=30～60MPa）		C 软质岩（R_b<30MPa）	
	岩体特征	岩体工程性质评价	岩体特征	岩体工程性质评价	岩体特征	岩体工程性质评价
Ⅳ	$A_{Ⅳ1}$：岩体呈互层状或薄层状结构，结构面较发育-发育，明显存在不利于坝基及坝肩稳定的软弱结构面、楔体或棱体	岩体完整性差，抗滑、抗变形性能明显受结构面和岩块间嵌合能力控制。能否作为高混凝土坝地基，视处理效果而定	$B_{Ⅳ1}$：岩体呈互层状或薄层状，存在不利于坝基（肩）稳定的结构面、楔体或棱体	同 $A_{Ⅳ1}$	$C_{Ⅳ}$：岩石强度大于15MPa，结构面发育，或岩石强度小于15MPa，结构面中等发育	岩体较完整，强度低，抗滑、抗变形性能差，不宜作为高混凝土坝地基。当局部存在该类岩体，需做专门处理
Ⅳ	$A_{Ⅳ2}$：岩体呈碎裂结构，结构面很发育，且多张开，夹碎屑和泥，岩块间嵌合力弱	岩体较破碎，抗滑、抗变形性能差，不宜作为高混凝土坝地基。当局部存在该类岩体，需做专门性处理	$B_{Ⅳ2}$：岩体呈薄层状或碎裂状，结构面发育一很发育，多张开，岩块间嵌合力差	同 $A_{Ⅳ2}$		
Ⅴ	$A_{Ⅴ}$：岩体呈散体状结构，由岩块夹泥或泥包岩块组成，具松散连续介质特征	岩体破碎，不能作为高混凝土坝地基。当坝基局部地段分布该类岩体，需做专门性处理	同 $A_{Ⅴ}$	同 $A_{Ⅴ}$	同 $A_{Ⅴ}$	同 $A_{Ⅴ}$

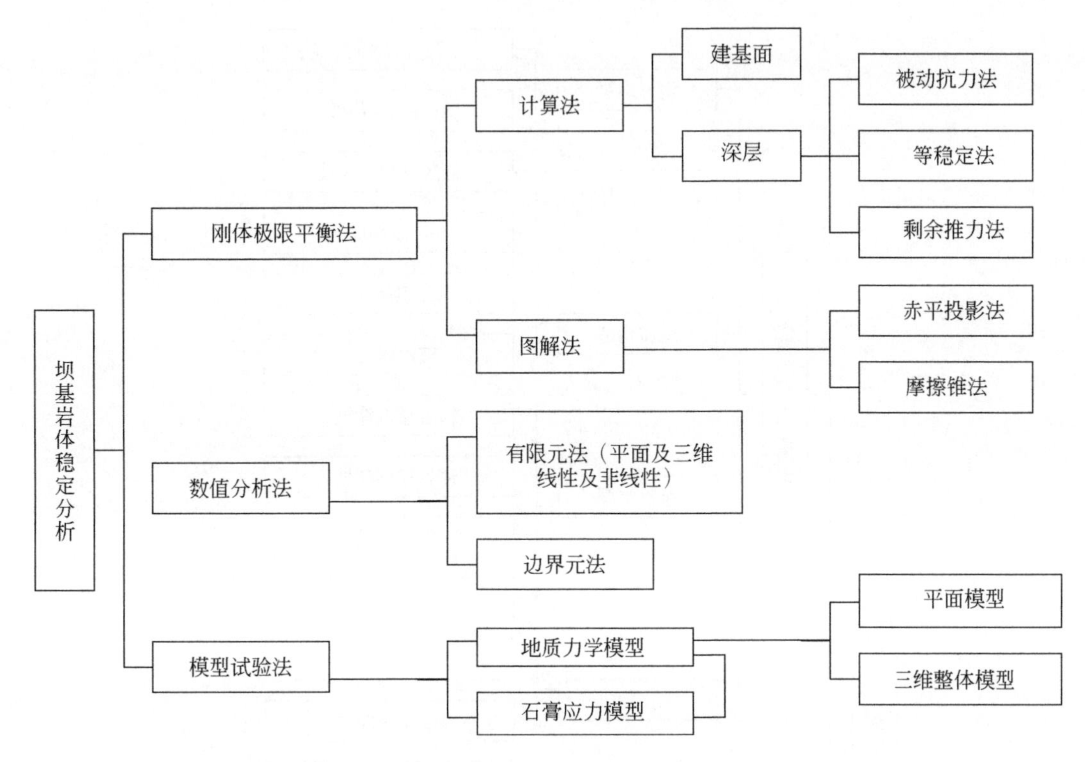

图 7-5　坝基岩体稳定分析与评价方法框图（据能源部水利部水利水电规划设计总院，1993）

性质、岩层和各类软弱结构面的性状与岸坡的关系是影响岸坡变形的重要因素，并决定库岸变形类型。水库蓄水对库岸变形的影响也是很明显的，尤其是对稳定性较差的库岸，可能导致库岸失稳。

影响库岸稳定条件的主要因素是：①岸坡岩性及其结合；②岸坡结构类型；③岸坡变形破坏程度；④岸坡现有崩塌、滑坡体的稳定性。综合四个因素，将库岸稳定条件分为好、较好、较差和差四级。

库岸变形体稳定性分级，按四级划分，其特征列于表 7-8。

库岸稳定性的分析方法有地质宏观判断（定性）法、稳定计算（定量）法和原位监测法。这三种方法要综合利用、互相补充和验证。

地质宏观判断法是根据库岸的地质结构、地貌特性、岸坡受库水的影响程度、近期的变形情况、地表汇水和入渗条件、坡体排泄条件和影响变形人为因素等，综合分析定性地评价其稳定性。

目前主要的稳定计算方法有刚体极限平衡法、建立在应力应变分析基础上的有限元计算方法、块体理论、模糊评判及各类图解分析方法等。由于影响库岸变形的因素众多，变形体的边界条件十分复杂，稳定计算的成果只能是判断库岸稳定性的标志之一。

目前原位监测法在许多工程中已得到广泛的应用，有些工程根据监测资料成功地预报了库岸的变形和失稳。

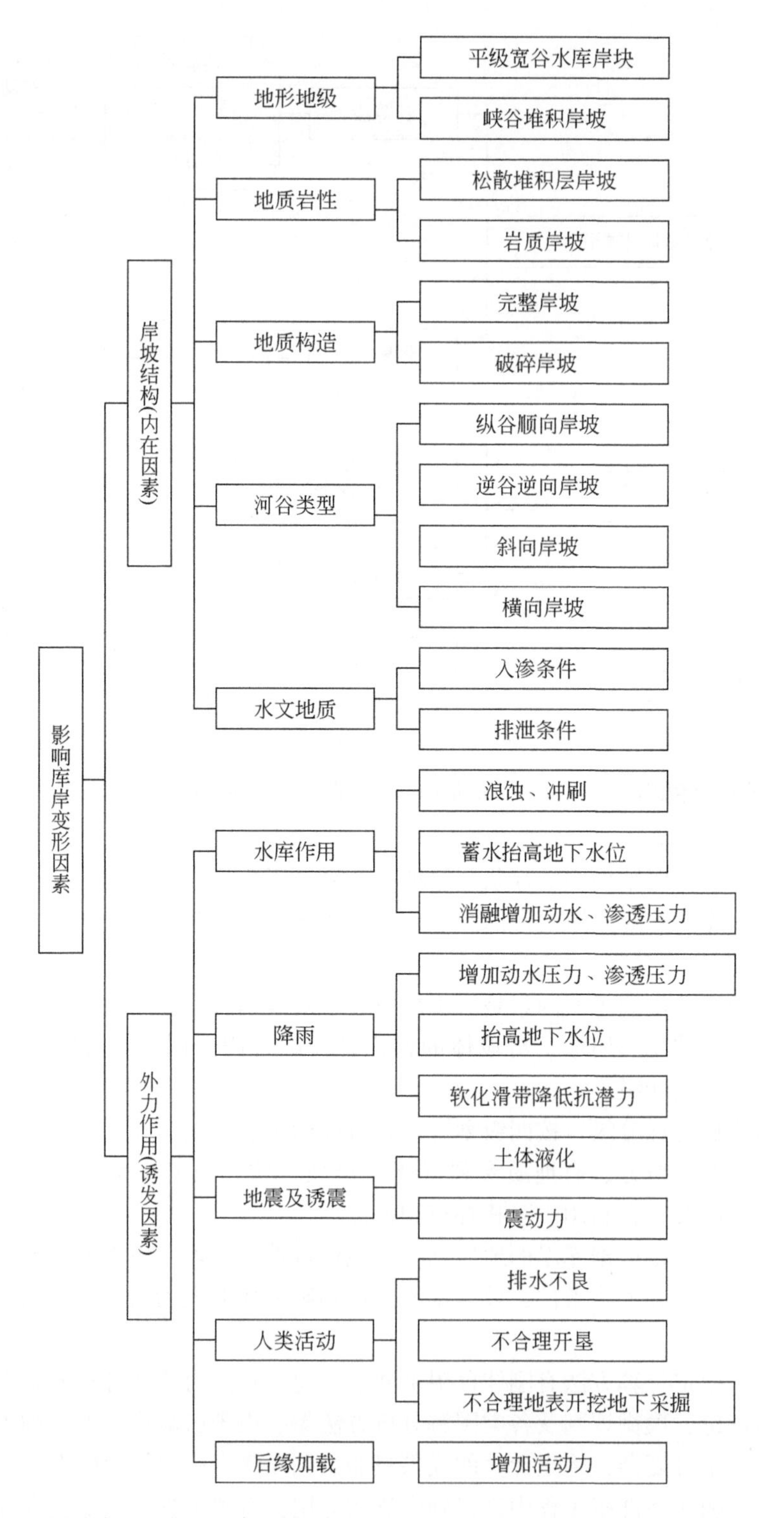

图 7-6　影响库岸变形的因素框图（据能源部水利部水利水电规划设计总院，1993）

表 7-8　库岸变形体稳定性分级（据王思敬和黄鼎成，2004）

稳定性分级	地质宏观判断									稳定计算	
	近期变形特征	受水库不利影响大小	影响稳定的主要因素							稳定系数	敏感度分析
			前后缘高差	坡面坡度	后缘加载	地表汇水及入渗条件	地下水排泄条件	滑带（面）特征			
								倾角	性状		
稳定	无	小	小	平缓	无	汇水面积小，地表排泄好	排泄条件好	平缓	性状较好，强度较高	>1	各种不利因素组合时均处于稳定状态
基本稳定	无	较小	较小	较平缓	无	汇水面积较小，地表排水较好	排水较好	较平缓	性状较好，强度较高	>1	各种不利因素组合时处于临界状态
稳定性差	变形不明显	较大	较大	较陡	有一定加载来源	汇水面积较大，地表排水较差	排水较差	较陡	性状较差，强度较低	≥1	各种不利因素组合时不稳定
正在发展	有较明显的变形	大	较大	较陡	有较多加载来源	汇水面积较大，地表水入渗条件好	排水差	较陡	性状差强度低	≈1	各种不利因素组合时不稳定

7.4.4 洞室围岩稳定性评价

影响围岩稳定性的因素是多方面的，但其中最主要的有地质构造、岩体的特性及结构、地下水、构造应力等。

地质构造对围岩稳定性的影响程度如表 7-9 所示。

表 7-9　围岩受地质构造影响程度等级划分（据张倬元等，2009）

等级	地质构造作用特征
轻微	围岩地质构造变动小，无断裂（层）；层状岩一般呈单斜构造，节理不发育
较重	围岩地质构造变动较大，位于断裂（层）或折曲轴的邻近段，可有小断层；节理较发育
严重	围岩地质构造变动强烈，位于折曲轴部或断裂影响带内；软岩多见扭曲及拖拉现象；节理发育
很严重	位于断裂破碎带内，节理很发育；岩体破碎呈碎石、角砾状

从岩性角度，可将岩体分为硬质岩、中等坚硬岩及软质岩三大类（表 7-10）。按岩体结构，通常可将围岩岩体划分为整体状结构、块状结构、镶嵌状结构、层状结构、碎裂状结构以及散体状结构等几大类。其中以散体状结构及碎裂状结构的岩体稳定性最差，薄层状结构者次之，而厚层状、块状及整体状结构岩体通常具有很高的稳定性。岩体强度是反映岩体的特性及其结构特征的综合指标，通常用岩体完整性系数与岩石单轴饱和抗压强度的乘积，即准抗压强度来表示。

表 7-10　岩石强度分类表（据张倬元等，2009）

类别	强度特征	代表性岩石
A	硬质岩 （R_b>80MPa）	新鲜的，中、细粒花岗岩、花岗片麻岩、花岗闪长岩、辉绿岩、安山岩、流纹岩等；石英砂岩、石英岩、硅质灰岩、硅质胶结砾岩、厚层石灰岩等
B	中等坚硬岩 （R_b=30～80MPa）	新鲜的，中厚层-薄层石灰岩、大理岩、白云岩、砂岩及钙质胶结砾岩，某些粗粒火成岩、斑岩、微-弱风化的硬质岩
C	软质岩 （R_b<30MPa）	新鲜的，泥质岩、泥质砂岩、页岩、泥灰岩、绿泥片岩、千枚岩、部分凝灰岩及煤系地层等，中-强风化的硬质、中坚硬岩等

地下水的影响程度一般根据围岩地下水出现的形式与规模区分为四类：①渗，裂隙渗水；②滴，雨季时有水滴；③流，以裂隙泉形式流出，流量小于 10L/min；④涌，有一定压力的涌水，流量大于 10L/min。

原岩应力，特别是构造应力的方向及大小是控制地下工程围岩变形破坏的重要因素。一般而言，为避免地下洞室的顶拱和边墙分别出现过大的切向压应力和切向拉应力的集中，洞室轴线的选择应尽可能地与该地最大主应力方向一致。在一些特殊的情况下，当地下工程的断面呈扁平形态时，为避免顶拱出现拉应力，改善顶拱围岩的稳定条件，设计中则应使洞室轴线垂直于最大主应力方向。

国标《水利水电工程地质勘察规范》中以控制围岩稳定的岩石强度、岩体完整程度、结构面状态、地下水和主要结构面产状五项因素之和的总评分为基本判据，围岩强度应力比为限定判据，将围岩工程地质分为五类（表 7-11）。

表 7-11　围岩工程地质分类（据中华人民共和国住房和城乡建设部和中华人民共和国国家质量监督检验检疫总局，2008）

<table>
<tr><th>围岩类别</th><th>围岩稳定性</th><th>围岩总评分(T)</th><th>围岩强度应力比(S)</th><th>支护类型</th></tr>
<tr><td>Ⅰ</td><td>稳定。围岩可长期稳定，一般无不稳定块体</td><td>T>85</td><td>>4</td><td rowspan="2">不支护或局部锚杆或喷薄层混凝土。大跨度时，喷混凝土、系统锚杆加钢筋网</td></tr>
<tr><td>Ⅱ</td><td>基本稳定。围岩整体稳定，不会产生塑性变形，局部可能产生掉块</td><td>85≥T>65</td><td>>4</td></tr>
<tr><td>Ⅲ</td><td>局部稳定性差。围岩强度不足，局部会产生塑性变形，不支护可能产生塌方或变形破坏。完整的较软岩，可能暂时稳定</td><td>65≥T>45</td><td>>2</td><td>喷混凝土、系统锚杆加钢筋网。跨度为 20～25m 时，并浇筑混凝土衬砌</td></tr>
<tr><td>Ⅳ</td><td>不稳定。围岩自稳时间很短，规模较大的各种变形和破坏都可能发生</td><td>45≥T>25</td><td>>2</td><td rowspan="2">喷混凝土、系统锚杆加钢筋网，并浇筑混凝土衬砌</td></tr>
<tr><td>Ⅴ</td><td>极不稳定。围岩不能稳定，变形破坏严重</td><td>T≤25</td><td></td></tr>
</table>

注：Ⅰ、Ⅲ、Ⅳ类围岩，当其强度应力比小于本表规定时，围岩类别宜相应降低一级。

7.4.5　岩溶渗漏评价

岩溶渗漏，应从区域和工程地区岩溶调查和渗漏条件的宏观分析入手，结合渗漏量估算做出综合评价。岩溶地区兴建的工程在勘察研究阶段，除了少数条件简单的工程以外，要做出完全准确的评价也是十分困难的。通过国内外大量工程实例的分析研究，能够建立一些评判标志和确定岩溶渗漏的分级标准。

岩溶区水库库周无隔水层封闭的水库渗漏，评判的主要指标是河谷水动力条件、地下水分水岭及水位、库内外岩溶系统及相互关系三项指标。渗漏的严重程度则主要取决于有无岩溶系统与库外沟通，其通道性质、规模连通程度、渗漏比降等。渗漏评判指标的主要组合形式及评判列于表 7-12。

当水库区存在下列情况之一时，该水库可判为存在向邻谷或下游渗漏问题：

（1）库水位高于邻谷河水位，河间地块无地下水分水岭，又无隔水层，或隔水层已被断层裂隙破坏不起隔水作用。

（2）库水位高于邻谷河水位，河间地块虽有岩溶地下水分水岭存在，但低于库水位，且设计正常蓄水位以下岩溶发育，有通向库外的岩溶通道。

（3）水库蓄水前即有明显的漏失现象，河流上下游的流量出现反常现象；河水补给地下水，两岸或一岸有地下水凹槽，存在贯通上下游的纵向岩溶通道。

表 7-12 岩溶渗漏评判标志（无隔水层封闭类型水库）（据中华人民共和国住房和城乡建设部和中华人民共和国国家质量监督检验检疫总局，2008）

渗漏评判的主要标志			渗漏评判
河谷水动力条件	地下水分水岭及水位	库内外岩溶系统及相互关系	
补给型	与下游河弯或邻谷间有地下水分水岭，水位高于设计蓄水位	不存在通向下游的岩溶系统或地下水低槽	局限于坝基及绕坝渗漏，渗漏量不大
	同上	存在通向下游的岩溶系统及地下水位低槽	存在严重的绕坝渗漏，渗漏量取决于岩溶通道的规模及连通性
	地下水分水岭低于设计臂水位	无岩溶系统通向库外	渗漏为断层溶蚀，较严重
	同上	有岩溶系统通向库外	存在渗漏，严重程度视岩溶系统的规模、连通性及低于设计蓄水位的高差而定（渗流比降）
补排型	一岸有地下水分水岭，地下水补给河水；另一岸无地下水分水岭，河水补给地下水	有岩溶系统通向库外	同上
排泄型	无地下水分水岭，河水补给地下水	无岩溶系统通向库外	产生较严重的溶隙性渗漏
	同上	有岩溶系统通向库外	产生严重的岩溶管道漏水
悬托型	河水补给河床下及两岸地下水		一般要产生渗漏，渗漏量取决于表部弱透水层的可靠性及破坏程度

有下面情况之一的岩溶区坝址，可判为存在较严重的坝基或绕坝渗漏问题：

（1）坝肩岩溶发育，没有封闭条件良好的隔水层；

（2）河水补给地下水，河床或两岸存在纵向地下径流或有纵向地下水凹槽；

（3）坝区顺河向的断层、裂隙带、层面裂隙或埋藏古河道发育，并有与之相应的岩溶系统。

岩溶渗漏量应采用地下水动力学方法和水量均衡法进行计算，并应相互验证。

7.4.6 岩质高边坡稳定性评价

岩质高边坡稳定性评价的主要任务是对工程有关的天然或人工边坡的稳定性做出评价，为边坡的整治提供科学的依据。评价的基本方法分为定性评价与定量评价两种。

定性评价主要是通过综合考虑各种影响边坡稳定性的因素，并根据变形的时间效应规律，判断边坡的稳定状况和发展趋势。定性评价按照所依据的资料不同又可分为历史分析法与工程地质类比法两种。

历史分析法就是对边坡发育史进行分析，从它的形成历史来判断现在的稳定状况和预测未来的变化。

工程地质类比法是在分析了影响边坡稳定的诸因素基础上，类比条件相类似的其他边坡，来评价本边坡的稳定状况和预测其发展趋势。

定量评价是通过有限元等方法计算边坡的稳定性，目前此类方法很多，此处不做赘述。

7.4.7　城市建设工程地质评价

城市规划工作一般分总体规划和详细规划两个阶段，对特大城市有的在总体规划之后加一个分区规划。从工程地质角度看，工程高度密集和人口高度密集是城市和工业建筑地区的两个主要特点（王思敬和黄鼎成，2004）。

城市总体规划阶段工程地质评价的主要任务，是对规划区地壳稳定性和场地适宜性做出评价，对过去、现在和今后是否有地质灾害做出明确结论，并为确定城市性质、发展规模、用地布局、功能分区以及各项专业总体规划提供工程地质依据。稳定性和适宜性的问题必须在总体规划阶段解决，留到详细规划阶段则为时已晚。因为如果到了详细规划阶段才发现场地不稳定或不适宜，势必改变原来的用地布局、功能分区及近期建设部署，打乱总体规划，造成被动。

进行城市总体规划的工程地质评价时，还应预测规划实施过程中由于工程建设是否会引起地质条件的改变，发生新的环境地质问题。例如，过量汲取地下水引起地面沉降、海水倒灌；地下水位上升引起湿陷性土强度降低；采矿引起地面塌陷；废水和固体废料排放引起水质污染等。

城市总体规划工程地质评价的具体任务体现在以下几个方面。

（1）评价规划区岩土，特别是特殊性岩土的分布及其工程性质。

（2）评价规划区物理地质现象的类型、分布、发生和发展规律，今后发展趋势及对城市的影响。

（3）评价规划区地下水的类型、赋存条件、水位及其变化幅度、水质污染情况、预测水位和水质发展趋势。

（4）对强震城市，应评价规划区不同地段场地和地基的地震效应，进行地震小区划。

（5）在综合分析工程地质条件的基础上，按场地特点、稳定性和适宜性进行工程地质分区。场地的稳定性可分为稳定、稳定性较差、稳定性差、不稳定四级；场地的适宜性可分为良好、较好、较差、很差四级。

下列地段可列为适宜性很差的地段，一般应予避开：

（1）物理地质现象强烈发育，对工程直接危害或构成严重威胁，且难以整治；

（2）地基土特别差，地基基础处理费用很高；

（3）对工程抗震危险的地段；

（4）洪水或地下水对场地构成威胁；

（5）地下有未开采的有价值的矿床。

7.4.8　工业建筑工程地质评价

一个较大的工业建筑区相当于一个小城市或中等城市，因此其工程地质勘察评价的内容和方法也与城市类似。一般分为三个阶段：可行性研究阶段、初步勘察阶段和详细勘察阶段（王思敬和黄鼎成，2004）。

可行性研究阶段工程地质评价的主要任务是评价场地的稳定性和适宜性，预测建设过程中可能发生的问题。关键是对场地的稳定性和适宜性必须做出明确结论。初步勘察阶段的主要任务是为确定总平面布置和地基基础设计的初步方案提供依据。详细勘察阶段一般是在建筑物平面布置已经确定，上部结构物和基础形式已初步确定的情况下进行的。这时的工程地质评价已和岩土工程的勘察设计密切地结合在一起。

到了初步勘察阶段和详细勘察阶段，由于经过了可行性研究勘察，一般已经避免长地质灾害、严重的环境地质问题以及不稳定、不适宜的场地。但由于各种因素的综合考虑，有时仍可能选在地质条件不良的地段。此时应对各种不良地质条件的类型、成因、发展规律和对工程的影响做出具体评价，并提出相应的整治建议。除了不良地质现象和特殊性岩土以外，初步勘察阶段和详细勘察阶段的工程地质评价主要有以下内容：

（1）论证采用天然地基的可能性，提出地基承载力的建议，必要时应估算建筑物的沉降和差异沉降。工业建筑往往体型复杂，荷载和刚度的分布很不均匀，对沉降和沉降差的要求各不相同，应综合考虑地基、基础和上部结构的特点，做出正确评价。

（2）如不宜采用天然地基，可建议进行地基处理或采用桩基，提出最适宜的技术方案，并对效果进行预测和评价。

（3）工业建筑常有深坑或地下室，坑壁和坑底的稳定和位移、地下水的防治和处理是工程地质评价的重要问题。

（4）工业生产排出的废水，其成分和性质极为复杂多样，应注意其对污染环境、腐蚀建筑材料和改变岩土物理力学性质的评价。

7.4.9　环境工程地质评价

工程建设和地质环境的相互作用是一个多因素、多层次、多阶段的复杂动态过程，环境工程地质评价应将工程地质环境以及人类合理开发利用的过程作为一个动态系统，依据系统分析原理进行综合评价。

环境工程地质评价不仅仅是对工程地质环境的现状和预测评价，还应包括根据评价结果进行对策研究，从而进行反馈分析，在此基础上制定有关地质环境控制条例，实施地质环境管理，并根据管理过程中所出现的新的环境——工程地质问题，进行再反馈分析。

环境工程地质评价内容包括一切能产生环境影响（即对人类工程活动的影响）的地质环境特征，主要由五条要素组成，即物质组成、结构特征、边界条件、赋存环境及环境特征（图 7-7）。

物质组成是工程地质环境的基础，主要由具有不同地质成因的岩土类型和不同岩层组

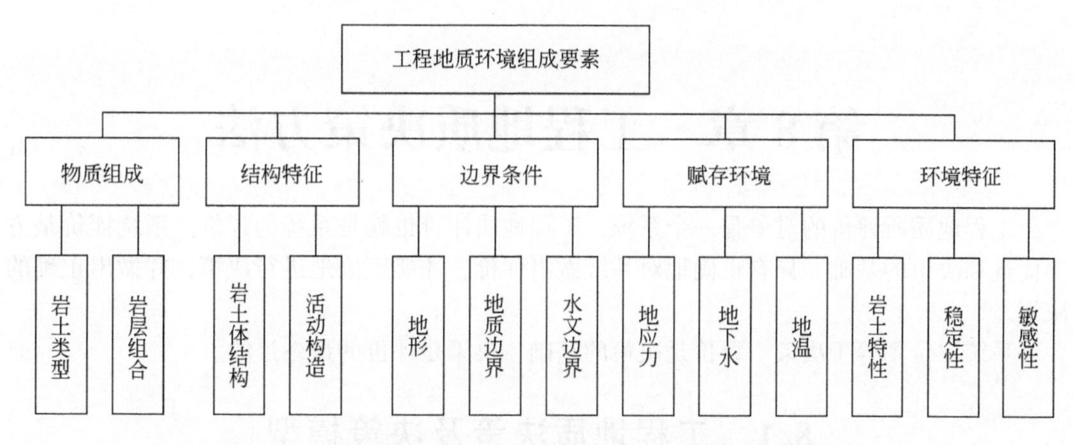

图7-7　工程地质环境评价的指标体系（据戴福初等，2000）

合构成。结构特征主要指岩土单元的组合方式，不同的物质组成往往具有不同的结构。工程地质环境是有一定边界和环境特性的，这些边界往往受地质成因及外动力地质作用所制约，主要包括地形、地质边界和水文边界。岩土介质是地质成因的自然结构物，它的赋存环境反映了大范围的环境背景，很大程度上决定着它们的特性，地下水、地应力和地温是最主要的介质赋存状态。环境特性主要是岩土特性、岩土体稳定性和敏感性三个方面。

综合分析以上各要素，并对每一要素对工程地质环境的影响给出一个评价指标，就可对整个环境工程地质有一个综合的评价。

第8章　工程地质决策方法

工程地质所评价的对象是一个系统，工程地质评价也就是系统的评价。系统评价是方案优选和决策的基础。只有正确地对系统做出评价，才能正确地进行决策，并做出正确的决策。

系统评价不等于决策。评价是决策的基础，决策是评价的最终目的。

8.1　工程地质决策及决策模型

对于一个完整的决策问题，通常是由以下几部分构成的。

1）决策因素

在某一个工程地质系统中进行决策，影响这一决策目标的因素称为决策因素或决策因子。

2）决策判据

在工程地质系统中，对某一确定目标进行决策时的评判标准，叫作该决策目标的决策判据。这种决策判据有时是定量的，有时是定性的。

决策判据在系统评价中叫作评价体系指标。

3）自然状态（S_i）

当采取某一行动方案后，可能出现的几种自然状况叫自然状态。也可以说自然状态是指在决策时由自然力量或社会力量所造成的环境，它是不以决策者的意志为转移的。

例如，选定一个厂房位置以后，可能出现的几种塌方形式及其规模就是自然状态，这是决策者无法控制的因素。

假定共有 n 个可能的状态 S_1，S_2，…，S_n，则集合（S）为

$$S=\{S_1,S_2,\cdots,S_n\} \tag{8-1}$$

4）状态概率［$P(S_i)$］

表示各种状态未来出现的可能性大小就是状态概率。

自然状态不以人的意志为转移，但自然状态出现的可能性，决策者可以估计出来。工程实际中，这种可能性的大小一般依据主观预测与经验估计而得到。由于自然状态发生的可能性是互斥的，一组互斥状态的概率值的总和为

$$\sum_{i=1}^{n} P(S_i)=1 \tag{8-2}$$

5）方案（D_i）

决策者可以采取的行动策略叫作方案。

采用哪一个行动方案，完全由决策者决定。若所有可能的方案为 d_1，d_2，…，d_m，则方案集合为

$$D = \{d_1, d_2, \cdots, d_n\} \tag{8-3}$$

6）损益值（V_{ij}）

在不同自然状态 S_j 下，采用方案 D_i 所产生的收益值或损失值。损益值（V_{ij}）是方案（D_i）和自然状态（S_j）的函数。

D 和 S 均为有限集合，若

$$\begin{aligned} D &= \{d_1, d_2, \cdots, d_n\} \\ S &= \{s_1, s_2, \cdots, s_m\} \\ V_{ij} &= (d_i, s_j) \end{aligned} \tag{8-4}$$

此时，决策问题可由 $m \times n$ 的决策矩阵 $\{V_{ij}\}$ 确定。

上述六个基本因素构成了决策模型的六要素。决策者根据这六个基本因素，按照一定的决策准则，即可进行决策。

需要注意的是：决策不仅需要对各行动方案做定量分析，而且与决策者的主观条件，如经济地位、价值观、心理素质、个人气质、对风险的态度等密切相关。

8.2　工程地质决策方法之一——经验判断法

经验分析是与理论分析相对而言的。基本方法是凭借专家经验对工程地质问题的各种信息加以分析研究，概括出工程地质问题的系统规律及其特征，从而指导工程勘测、设计和施工。应该说，工程实践中任何工程地质问题分析的过程、分析方法的建立等都离不开经验的作用。

经验分析法运用了许多逻辑思维方法，如观察法、对比法、归纳法、演绎法等。

专家群体经验和从该工程实践本身总结出来的经验等都是工程技术人员对工程所处状态做出正确判断的基础。这种方法的显著优点在于分析判断快，而且有丰富经验的、有多专家组成的分析判断往往能获得成功。

实际上，从信息的采集、传递、分析到综合方法的选取，都离不开专家的经验判断。这主要是由于我们所面临的工程地质问题，是一个巨大、复杂的系统。任何定量的方法都是建立在经过程度不同的简化和假设的模型基础之上，其应用必然受到一定条件的制约和限制。只有充分运用专家群体经验和判断力，才能更好地从总体上予以把握，减少或避免走弯路和错路。

当决定的问题比较复杂，多目标、多变量、多判据、多方案时，常常很难用定量的方法分析出哪个方案最好。采用经验判断法，往往可简化决策问题。

8.2.1　定性经验判断法

1. 淘汰法

在多目标决策中，为了尽量减少可比方案的数量，使决策工作易于进行，需将不合乎要求的方案以及不被采用的方案事先删除掉。删减的原则如下：

（1）先根据一些条件和标准，对全部备选方案筛选一遍，定出各个目标或指标的最低合格标准，只要有一个目标不够标准，该方案即被淘汰，缩小选择范围。

（2）划定临界水平（最起码的满意程度）。以工程处理为例，在工程处理中，人们所能接受的工程量（如塌方量）或工程造价总有一个临界水平，并不是可以任意增大的。如果工程中的上述指标超过所能接受的临界水平，就不能接受。所以根据临界水平可淘汰掉一些方案。

（3）若被淘汰的方案 A 优于方案 B，则方案 B 也被淘汰。

（4）在多目标决策的情况下，可抓住主要因素，作为筛选的根据。

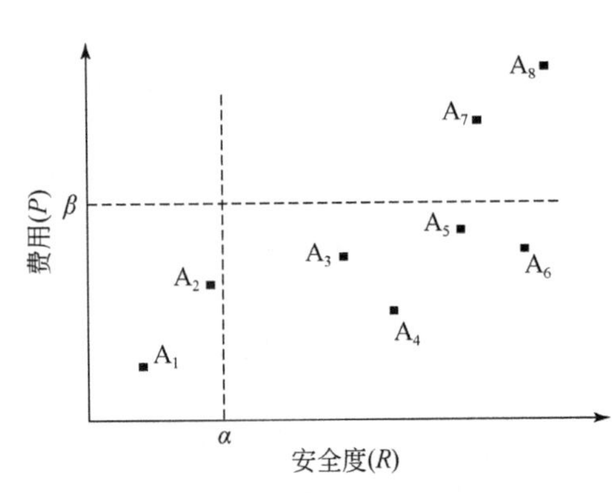

图 8-1　二维离散型方案图

例如图 8-1，假定 R 表示安全度，P 表示费用，共有八个方案。若规定最低标准 R 不能小 α，P 不能高于 β。则根据原则（1），A_1、A_2、A_7、A_8 四个方案由于不符合规定的标准，而应予剔除。其余的四个方案中，因为 A_3 的费用比 A_4 高，而安全度却比 A_4 低，A_5 的费用比 A_6 高，而安全度却比 A_6 低，所以 A_3 和 A_5 删掉，决策者只在 A_4 和 A_6 中选择。

在几个备选方案中，通过简单比较被淘汰的方案叫劣解，不能用这种方法淘汰掉的解称非劣解。在非劣解中最终只能选择一个最优方案，这一方案称选好解。在多目标决策中，从多个非劣解中寻找选好解的过程叫多目标最优化。

2. 排队法

把备选方案根据某一标准（决策判据），或几个标准按优劣顺序排队，进行比较，选出最优方案。

但当比选标准不是一种时，常常会出现甲方案优于乙方案，乙方案优于丙方案，而丙方案又优于甲方案的循环局面。此时可以采用两两比较求总分的方案。

两两比较法对于方案比较来说，就是要在 n 个方案中，做出以两种为一组的全部组合，共有方案：

$$\binom{n}{2} = \frac{n(n-1)}{2} \tag{8-5}$$

设有 A、B、C、D、E 五种方案，若比较方案优于被比方案，则在相应的计分位置记 1 分，反之则为 0 分，方案与自身比较在相应的行和栏内画一横线“—”。见表 8-1。

表 8-1　排队法计分表

方案	A	B	C	D	E	总分
A	—	1	1	0	1	3

续表

方案	A	B	C	D	E	总分
B	0	—	0	1	1	2
C	0	1	—	1	0	2
D	1	0	0	—	0	1
E	0	0	1	1	—	2

经过两两对比求总分可知最好方案为A。

表8-1两个方案对比时只能定出孰优孰劣，而无法定出到底优多少。如果可能，可以把0～1分成一定的等级（如0.1，0.2，…，0.9，1），决策选择将更准确。

如果有r个专家进行多人评议决策，由各专家做出对方案大小、好坏、优劣这两者择一的判定，再将结果经统计处理，最后决定出相对尺度。将认为i方案优于j方案的人数统计好（每人1分），填入表8-2中，如分不出某两方案优劣时，则可用0.5分计入。

例如，组织了22名专家对下列五种方案进行比较评价，其比较评价表如表8-2所示。由表可知，方案2为最优方案。

表8-2　比较法评价表

方案	方案1	方案2	方案3	方案4	方案5	总分
方案1	—	10.5	10	16	13	49.5
方案2	11.5	—	14	12	15	52.5
方案3	12	8	—	12	13	45.0
方案4	6	10	10	—	10	36.0
方案5	9	7	9	12	—	37.0

3. 归类法

当备选方案太多时，可先把类似的方案归为一类，而把全部备选方案分为几大类进行比较筛选决策。

4. 专家预测法

专家预测法是把要预测的问题和有关的信息（如目标说明、调查的资料、收集的数据等）提供给一些专家，由专家经过分析、综合、判断，提出个人的估计。根据每一个专家提出的估计结果，经归纳总结，得出预测结论。如果请专家预测的问题备选方案有多个，则需要对每一个备选方案的效果进行预测，从中选择最优方案。为此可采用计分法。计分法分为四种。

设依靠m个专家对n个方案的效果进行预测。根据专家对方案的估计数字采用计分法按照下面的公式计算每个方案的平均得分值、比重系数、满分频率及等级数总和。

1）平均得分值

$$E_j = \frac{\sum_{i=1}^{m_j} x_{ij}}{m_j} (i = 1,2,\cdots,m;\quad j = 1,2,\cdots,n) \quad (m_j \leqslant m) \tag{8-6}$$

式中，E_j 为方案 j 的平均得分值；x_{ij} 为第 i 个专家给方案 j 的估计值；m_j 为对方案 j 做出预测的专家数。

在几个方案中，E_j 值最大者为最优方案。

2）比重系数

$$W_j = \frac{\sum_{i=1}^{m_j} x_{ij}}{e_j \sum_{j=1}^{n} \sum_{i=1}^{m_j} x_{ij}} \tag{8-7}$$

式中，W_j 为方案 j 得分占全部方案总得分的比重；e_j 为积极性系数（$e_j = m_j/m$）。x_{ij} 为第 i 个专家给方案 j 的估计值；m_j 为对方案 j 做出预测的专家数。

在几个方案中，W_j 值最大者为最优方案。

3）满分频率

$$M_{100} = \frac{m_{j100}}{m_j} \tag{8-8}$$

式中，M_{100} 为方案 j 获得满分的频率；m_{j100} 为对方案 j 给满分的专家数。m_j 为对方案 j 做出预测的专家数。

在几个方案中，M_{100} 值最大者为最优方案。

4）等级数总和

等级可用 1，2，…，N 把方案分为 N 个等级。在划分等级时，可根据具体情况把 N 取得大些或小些，1 表示最高等级，N 表示最低等级。由每个专家根据方案的得分数和等级的标准对每个方案给出一个等级，按式（8-9）计算方案的等级数总和。值小者方案优，值大者方案差。

$$D_j = \sum_{i=1}^{m} d_{ij} \tag{8-9}$$

式中，D_j 为方案 j 的等级数总和；d_{ij} 为第 i 个专家对方案 j 评定的等级。

专家预测法的准确性主要取决于专家知识的广度和深度以及经验的多少。所以，采用此法时，聘请的专家必须具有所需要的较高的学术水平和较丰富的实际经验。

8.2.2　定量经验判断法——关联矩阵法

1. 确定评价因子及其权重

应用经验判断两个或几个方案的优劣，可以依据一定的评价因子进行比较，分出各方案的优劣。经验判断法定量计算的第一步就是确定不同工程（或方案）的评价因子。

评价因子的选择根据经验和几个工程的实际情况确定，如地形地貌、地层岩性、断层、裂隙、水文特征、岩石指标、区域地质、建筑材料、开挖方量、坍塌方量、支护量、工程造价、工期、施工难度、环境影响、社会影响等。

评价因子在决策中能否确定权重，对于决策结果的合理性影响较大。因此在确定了评价因子之后，应根据实际情况尽量确定评价因子的权重。

2. 无权重评价因子的决策

在无权重评价因子决策中，实际上是假设每一项因子对方案的影响程度是相同的。这时只要在表 8-3 中对不同的评价因子依次填入各方案的优劣顺序，并计算各方案的得分（顺序号）总和即可。这时总和分值最小者为最优方案。

表 8-3　无权重评价因子经验判断法

编号	评价因子	方案 1	方案 2	方案 3	优方案次序		
					方案 1	方案 2	方案 3
1	地形地貌				1	2	3
2	地层岩性				3	2	1
3	断层				2	3	1
…	…				…	…	…
Σ							

3. 有权重评价因子的决策

因为各评价因子对方案的重要程度不同，故有不同的权重。对不同方案的评价因子给出评价值，再将权重考虑进去，即可得到每个方案的综合评价值（表 8-4），据此就可对方案优劣做出比较。

表 8-4　关联矩阵法评价表

评价因子		f_1	f_2	f_3	f_4	评价值
各因子权重		ω_1	ω_2	ω_3	ω_4	
评价方案	方案 1	a_{11}	a_{21}	a_{31}	a_{41}	$\sum_{j=1}^{4}\omega_j a_{1j} = V_1$
	方案 2	a_{21}	a_{22}	a_{23}	a_{24}	$\sum_{j=1}^{4}\omega_j a_{2j} = V_2$
	方案 3	a_{31}	a_{32}	a_{33}	a_{34}	$\sum_{j=1}^{4}\omega_j a_{3j} = V_3$
	方案 4	a_{41}	a_{42}	a_{43}	a_{44}	$\sum_{j=1}^{4}\omega_j a_{4j} = V_4$

采取经验判断法决策时，一般来说资料较少。所以为了问题的简化，实际决策中也可以使用这样的方法。首先给出各评价因子的权重 ω_i，然后仍将各方案做优劣排序，并以排序号作为该评价因子在该方案中的评价值。计算 $\sum\omega_i \times a_{ij}$ 值。这时 $\sum\omega_i \times a_{ij}$ 值最小的方案为

最优方案（表8-5）。

表8-5 有权重评价因子经验判断法

编号	评价因子	权重	方案1	方案2	方案3	优方案次序		
						方案1	方案2	方案3
1	地形地貌	ω_1				2	1	3
2	地层岩性	…				3	2	1
3	断层	ω_i				a_{i1}	a_{i2}	a_{i3}
4	裂隙	…				…	…	…
…	…	…				…	…	…
$\sum\omega_i\times a_{ij}$								

8.3 工程地质决策方法之二——工程类比法

8.3.1 工程类比法的重要性及其定义

工程类比法是工程实际中极其有效的一种决策方法。面对一个工程地质问题，尤其是在工程勘察设计的初步阶段，在没有取得充分的工程技术资料时，工程类比法就显得尤其重要。事实上几乎在所有的工程地质分析研究中都采用了工程类比法，并且大多数取得了成功。在一些重要的规程规范中还明确规定，在有关地质工程设计中应采用类比法。尽管工程类比法是以定性分析和经验判断为主，但仍是一种重要的实用方法。

根据工程地质原理，在对两个工程进行类比时必须保证两者的工程地质条件和工程条件基本相同，否则不能进行具有实用价值的工程类比。除此之外，施工方式、工期要求、工程资金条件等因素也对工程类比法的实用性（或称可比性）产生重要影响。这说明进行工程类比是有条件的，两个类比工程的地质条件和其他条件越相似，两者可比性越强。反之，两者可比性越弱。

从本质上说，工程类比法是以解决工程地质实际问题为目的，以各有关专家（组）的经验知识为基础，借鉴于类似工程（或同一工程类似部分）的工程处理措施的有关资料，对决策工程（或该工程的一部分）的相应情况做出预测和判断的一种实用工程地质决策方法。

8.3.2 类比工程的可比性及可比度

在进行两个工程的类比时，首先应该研究两个工程是否可比，即应该首先进行工程可比性的研究。评价可比性的指标可以用可比度来衡量。可比性分析首先是分析类比工程的评价因子或类比项。可比工程的评价因子包括工程类型、工程规模、地质条件等。根据类比工程中的评价因子可否给出权重，工程可比度又可划分为两种类型：一是评价因子无权重可比度问题；二是评价因子有权重可比度问题。

1. 无权重可比度计算

可比度计算按以下四个步骤进行：

（1）确定类比工程的评价因子及其个数（n）。

（2）分析各评价因子的可比性。

在任何两个或两个以上的对比工程中，都包含着若干个评价因子，如岩性、断裂发育程度、岩体强度、工程规模等。这些评价因子是否相同或相近，是判断两个工程可否进行对比的基础。因此在进行工程总体的对比之前，首先进行两个工程评价因子的对比。假设两个工程中某一评价因子完全相同时，令其可比性评分为 1，评价因子完全不同时，令其可比性评分为 0，其他情况的评分介于二者之间（表 8-6）。

表 8-6　评价因子可比性分级表

评价因子可比程度	评分
一致	1
基本一致	0.75
差异中等	0.5
差异较大	0.25
差异极大	0

一个工程有 n 项评价因子，用上述方法对各影响因素进行评分 a_i（$0 \leqslant a_i \leqslant 1$），$n$ 个评价因子就有总和 $\sum_{a_i}$（表 8-7）。

表 8-7　工程类比法可比性计算表

序号	评价因子	A 工程	B 工程	可比性
1	地层岩性	花岗岩	片麻状花岗岩	a_1
2	断裂构造	较发育	发育	a_2
…	…	…	…	…
i				a_i
…	…	…	…	…
n				a_n
				$\sum a_i$

（3）计算工程的可比度（α）。

假设在各评价因子单项评分均为满分 1，则 $\sum a_i = n$，此时两个工程的可比度为 100。据此可得出任何两个工程的可比度为

$$\alpha = \frac{100}{n} \sum a_i \tag{8-10}$$

此时，$\alpha_{\max} = 100$，$\alpha_{\min} = 0$。

（4）可比度分级标准。

根据可比度的大小，将两个工程的可比性分成五个级别（表 8-8），并依此判断两个工程的可比性。

表 8-8　工程无权重可比度分级

级序	Ⅰ	Ⅱ	Ⅲ	Ⅳ	Ⅴ
可比性	强	较强	中等	较弱	弱
可比度	$100\geqslant\alpha>80$	$80\geqslant\alpha>60$	$60\geqslant\alpha>40$	$40\geqslant\alpha>20$	$20\geqslant\alpha$
定性归类	可比		勉强可比	基本上不可比	

2. 有权重可比度计算

有权重可比度计算按以下步骤进行：

（1）确定类比工程的评价因子及其个数（n）。

（2）确定评价因子的权重。

根据工程实践可知，在 n 个评价因子中，各评价因子的重要性是不同的。例如，对于一个地下厂房位置的选取，断裂的规模及其发育程度可能占 50% 的权重，岩性占 20%，地下水占 10%，施工条件占 20%。所以如果仍按上述无权重可比度计算方法对两个工程的可比性进行计算，即认为每一影响因素可比性评价的最高分为 1，显然就不合理了。这时就应该按照各评价因子在类比工程中所占的权重来进行可比度的计算。并总是令 n 个因素的权重之和为 100（表 8-9）。

（3）确定各评价因子的可比性。评价方法同无权重可比度方法（表 8-7）。

（4）计算工程的可比度。

$$\alpha = 100\sum \omega_i a_i \tag{8-11}$$

可比性评价标准与无权重可比度计算的评价方法相同（表 8-8）。

表 8-9　有权重可比度计算表

序号	评价因子	权重/%	A 工程	B 工程	可比度
1		ω_1			a_1
…		…			…
		ω_i			a_i
…		…			…
n		ω_n			a_n
		100			$\sum \omega_i a_i$

认真分析有权重可比度的计算方法，还可以发现此种方法可以消除因人为选取评价因子及其个数不同给可比度计算带来的影响。无权重可比度计算中，由于评价因子的选取是人为的，当把一些对于工程关系不大的因子选取过多时，如果这些因子在类比工程中又基本一致，可比度计算结果就会偏向可比性强的一面；反之如果这些因子在类比工程中差异

较大，可比度计算结果就会偏向可比性弱的一面。而采用有权重可比度计算方法，不管列入了多少评价因子，因为已经针对类比工程实际划分了各评价因子的权重，即尽管某些因子列入了可比项，但是其所占权重可能很小，而且所有因子的权重总和（不管有多少项）总是等于 100%，因此可以消除评价因子选取所引起的可比度计算误差。

但是也应该注意的是，在评价因子的选取时，各评价因子应该是相互独立的，尽量避免评价因子的交叠。例如，当选取了断层发育程度作为一个评价因子后，就不能再选取断层密度作为另一个评价因子。因为后者是前者的一部分，是前者的子集。

8.3.3　工程类比法的决策

工程类比法是以工程数据库为基础的，如果用数据库之外的工程进行类比时，也应该将要类比的工程按数据库中所列出的项目列项，并按相同的步骤进行工程类比。

工程类比法进行工程决策的步骤如下：

1）选择类比工程

进行工程类比分析一般是两两相比，所以工程类比法的第一步是选择两个要进行类比分析的工程项目。一般来说，这两个项目一个是被决策的项目，另一个是与其类比的项目。

2）确定评价因子

确定决策工程和类比工程的评价因子，这些因子一般是两个工程所共有的并可进行对比的项目。对于不是两个工程共有又特别重要的因子，可以单独列出作为参考。评价因子内容包括地形地貌、地层岩性、断层、裂隙、水文特征、岩石指标、区域地质、建筑材料、开挖方量、坍塌方量、支护量、工程造价、工期、施工难度、环境影响、社会影响等。

3）确定评价因子权重

确定两个工程评价因子的权重大小。

4）可比性分析

依据表 8-6 确定各评价因子的可比性评分，填入表 8-7。依据式（8-8）、式（8-9）计算工程的可比度。计算结果分别填入表 8-10 和表 8-11。再依据表 8-8 评价两个工程的可比性。

表 8-10　无权重评价因子工程类比法

序号	评价因子	决策项目	类比项目	评分
1	地形地貌			
2	地层岩性			a_i
3	断层			
4	裂隙			
…	…			
可比度：$\alpha=（100/n）\sum a_i$				
两项目可比性				

表 8-11　有权重评价因子工程类比法

序号	评价因子	权重	决策项目	类比项目	评分
1	地形地貌				
2	地层岩性				
3	断层	ω_i			a_i
4	裂隙				
…	…				
可比度：$\alpha=100\sum\omega_i a_i$					
两项目可比性					

5）工程类比决策

工程类比决策可参照表 8-12 的格式。表中列出了洞室支护方式决策所要的类比项目和有关工程资料。分析各类比项及相关工程特征后，做出类比结论，即决策结果。

表 8-12　工程类比决策表

序号	类比项	决策工程	类比工程 1	类比工程 2	……
1	工程名称				
2	工程地点				
3	工程简介				
4	工程规模				
	跨度/m				
	高度/m				
	长度/m				
5	洞室最大埋深/m				
6	岩性				
7	断层				
8	裂隙				
9	围岩类别				
10	地下水位/m				
11	岩溶				
12	支护方式				
可比度					
类比结论					

8.4　工程地质决策方法之三——优劣对比法

优劣对比法是工程中应用最普遍的一种决策方法，也是日常生活中常用的决策方法。当面对几种可选择的方案时，我们总要说各方案利是什么，弊是什么，哪几个方面好，哪几个方面不好。将这种方法应用于工程实际之中，就是优劣对比法。

8.4.1　无权重评价因子优劣对比法

工程中应用优劣对比法时，要比生活中条理、明确、科学许多。通常采用列表法，步骤如下：

（1）确定几个将要对比的方案。

（2）确定方案的评价因子，即各方案的可比内容。这些评价因子一般是几个方案共有的，有时也是部分方案具有或某一方案特有。

（3）分析各评价因子在不同方案中的状况。

（4）针对同一评价因子，分析评比各方案中的最优者，或据此评价因子将各方案排出优劣顺序。一般将最优者排为 1，次者排为 2，以此类推。

（5）总体分析评价各方案的优劣。各单项评价因子评优累计次数较多者，为最优方案。或者计算各方案单项评价因子的累计得分，各方案评分总和最小者为最优方案，最大者为最劣方案（表 8-13）。

表 8-13　优劣对比法无权重评价因子计算决策表

序号	评价因子	方案简况			优选方案		
		A	B	C	A	B	C
1	地层岩性				1	2	3
2	断裂构造				2	1	3
…	…						
i					a_i	b_i	c_i
…	…						
n					a_n	b_n	c_n
合计					$\sum a_i$	$\sum b_i$	$\sum c_i$

8.4.2　有权重评价因子优劣对比法

1. 基本方法

在上述评价方法中，实际上做了这样一个假设，即假设各评价因子在各方案的影响程度都是一致的，即各评价因子对方案选择的影响程度是均等的。但工程实际中，一般来说这样的假设是不成立的。各评价因子对方案及方案选择的影响程度是不同的。例如，对一个洞段进行稳定分析评价时，断裂规模的影响程度可能占所有因素总和的50%，而该洞段地应力的大小也许只占10%。因此为了使优劣对比法更加合理，将选定的各评价因子依据实际情况和工程经验按权重进行分析、评价、比较。具体做法如下：

（1）确定几个将要对比的方案。

（2）确定针对几个方案的评价因子。

（3）给出各评价因子在工程比选中所占的权重 ω_i，并使 $\sum\omega_i=100$。

（4）描述分析各评价因子在不同方案中的状况。

（5）以各评价因子权重为该项评价的满分分值，其余依地质条件评出相应分值。如假设某项评价因子的权重为30%，各方案在该项评价中的最优者（满分）即为30分，其余方案可分别为20分、15分等。

（6）总体分析评价各方案的优劣，计算各方案单项评价的累计得分。各方案诸因子评分总和 $\sum a_i$、$\sum b_i$、$\sum c_i$ 即为相应方案总的评分。评分总和最大者为最优方案。最小者为最劣方案（表8-14）。

由上可知，$\sum a_i$、$\sum b_i$、$\sum c_i$ 最大值为100，最小值为0。

表8-14 优劣对比法有权重评价因子计算决策表

序号	评价因子	权重	方案简况			评分		
			方案A	方案B	方案C	A	B	C
1		ω_1				a_1	b_1	c_1
…		…				…	…	…
i		ω_i				a_i	b_i	c_i
…		…				…	…	…
n		ω_n				a_n	b_n	c_n
合计		100				$\sum a_i$	$\sum b_i$	$\sum c_i$

应该说，在优劣对比法中引入了权重的概念，使评价半定量化了，具有了更高的合理性，也使决策结果更接近实际。

2. 权重及效益值的对比分析

在工程地质经验判断法和优劣对比法中，在确定了评价因子之后，如果可以给出各评价因子的权重，并将各方案进行评分（表8-15），就可以做进一步的分析。

表8-15 评价因子权重与各方案评分

序号	评价因子	权重	方案1	方案2	…	方案 m
1		ω_1	a_{11}	a_{12}	…	a_{1m}
2		ω_2	a_{21}	a_{22}	…	a_{2m}
…		…	…	…	…	…

续表

序号	评价因子	权重	方案 1	方案 2	…	方案 m
i		ω_i	a_{i1}	a_{i2}	…	a_{im}
…		…	…	…	…	…
n		ω_n	a_{n1}	a_{n2}	…	a_{nm}
Σ						

1）评价因子权重直方图

在确定了评价因子的个数 n 之后，又分别给出了各评价因子的权重，就可以画出评价因子的直方图（图 8-2）。从这个图中可以直观地看出各评价因子的权重。

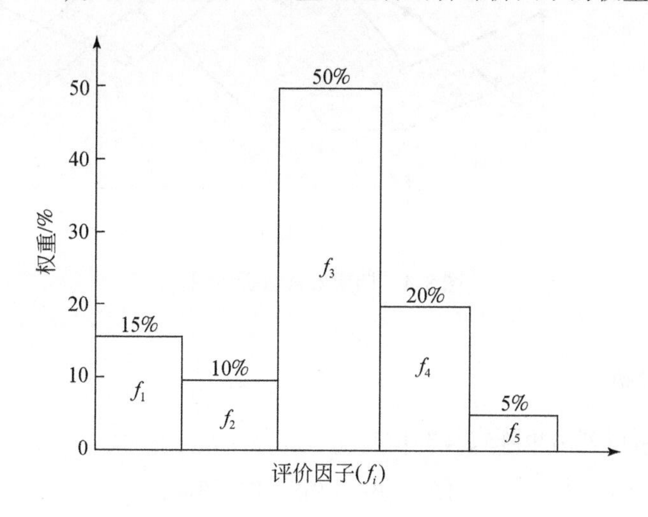

图 8-2　评价因子的直方图

2）期望效益值直方图

以各评价因子权重与各项评分的乘积［期望效益值（$\omega_i \times a_i$）］为纵坐标，以评价因子的个数为横坐标，可以画出期望效益值直方图（图 8-3 ）。

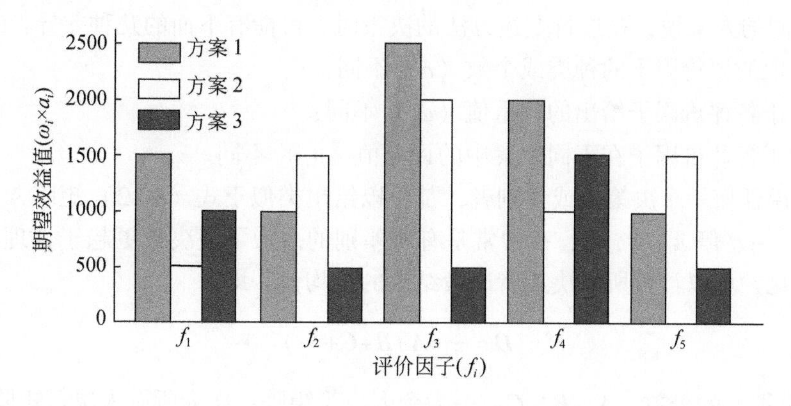

图 8-3　期望效益值直方图

3）期望效益值折线图

与期望效益值直方图类似，仍以 $\omega_i \times a_i$ 为纵坐标，以评价因子的个数为横坐标，也可以画出期望效益值折线图（图 8-4），因为 $\sum \omega_i a_i$ 值最大者为最优方案，所以图中就是纵坐标值平均较高者或曲线下部面积最大者为最优方案。图 8-4 中方案一为最优方案（阴影为方案一的面积。）

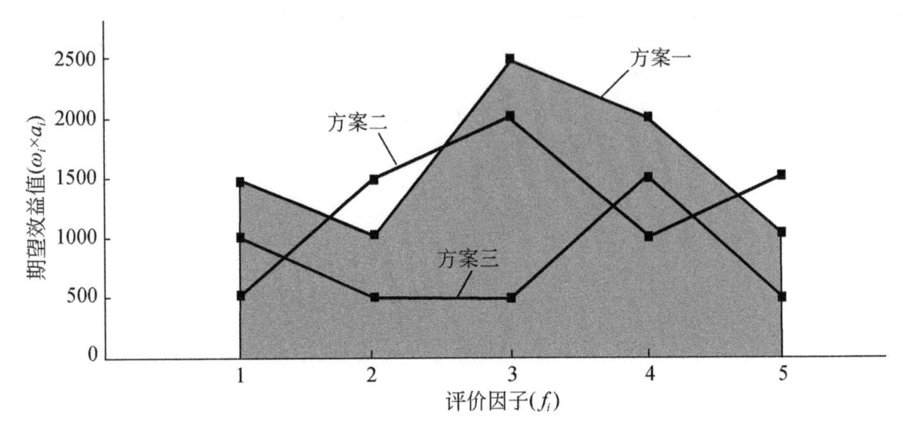

图 8-4　期望效益值折线图

3. 多人决策分析

根据表 8-15 可以列出矩阵式（8-12）。

$$
\boldsymbol{A}=\begin{pmatrix}
\omega_1 & a_{11} & a_{12} & \cdots & a_{1m} \\
\omega_2 & a_{21} & a_{22} & \cdots & a_{2m} \\
\vdots & \vdots & \vdots & \vdots & \vdots \\
\omega_i & a_{i1} & a_{i2} & a_{ij} & a_{im} \\
\vdots & \vdots & \vdots & \vdots & \vdots \\
\omega_n & a_{n1} & a_{n2} & \cdots & a_{nm}
\end{pmatrix} \tag{8-12}
$$

对于不同的人来说，在进行上述方法的决策时，可能有下面的几种差异：

（1）选取的评价因子的种类或个数（n）不同；

（2）对于各评价因子给出的权重值（ω_i）不同；

（3）对于各评价因子在不同方案中的评分值（a_{ij}）不同。

也就是说任何一个决策人或评判者，都可以给出类似于式（8-12）矩阵 $\boldsymbol{A}$ 那样的矩阵 $\boldsymbol{B}$、矩阵 $\boldsymbol{C}$、…。但 $\boldsymbol{A}$，$\boldsymbol{B}$，$\boldsymbol{C}$，…常常是有所差别的。为了使决策更趋于合理，考虑所有决策者的意见，可以计算所有决策者决策结果的平均值，即

$$
\boldsymbol{D}=\frac{1}{l}(\boldsymbol{A}+\boldsymbol{B}+\boldsymbol{C}+\cdots) \tag{8-13}
$$

式中，l 为决策人的个数；$\boldsymbol{A}$，$\boldsymbol{B}$，$\boldsymbol{C}$，…为个人决策矩阵；$\boldsymbol{D}$ 为所有人决策矩阵的平均值。

因为进行对比分析的方案数是一定的，所以 $\boldsymbol{B}$，$\boldsymbol{C}$，…几个矩阵的列数是相同的。但

是由于不同的人选取的评价因子种类和个数不一定相同，所以 $\boldsymbol{B}$，$\boldsymbol{C}$，…几个矩阵的行数可能不同。在几个矩阵（子矩阵）相加前，应首先将矩阵化为相同行数矩阵。

以各矩阵行数最多者的行数为所有矩阵的行数。如某位决策者子矩阵无某一评价因子时，即将该评价因子的权重计为0。这样 $\boldsymbol{B}$，$\boldsymbol{C}$，…几个子矩阵就变成相同行数、相同列数的矩阵。

在只考虑三人决策时，决策矩阵为

$$\boldsymbol{D}_3=(1/3)\begin{pmatrix} \omega_{1a}+\omega_{1b}+\omega_{1c} & a_{11}+b_{11}+c_{11} & a_{12}+b_{12}+c_{12} & \cdots & a_{1m}+b_{1m}+c_{1m} \\ \omega_{2a}+\omega_{2b}+\omega_{2c} & a_{21}+b_{21}+c_{21} & a_{22}+b_{22}+c_{22} & \cdots & a_{2m}+b_{2m}+c_{2m} \\ \vdots & \vdots & \vdots & \vdots & \vdots \\ \omega_{ia}+\omega_{ib}+\omega_{ic} & a_{i1}+b_{i1}+c_{i1} & a_{12}+b_{12}+c_{12} & a_{ij}+b_{ij}+c_{ij} & a_{im}+b_{im}+c_{im} \\ \vdots & \vdots & \vdots & \vdots & \vdots \\ \omega_{na}+\omega_{nb}+\omega_{nc} & a_{n1}+b_{n1}+c_{n1} & a_{n2}+b_{n2}+c_{n2} & \cdots & a_{nm}+b_{nm}+c_{nm} \end{pmatrix} \tag{8-14}$$

得出矩阵式：

$$\boldsymbol{D}_3=\begin{pmatrix} \omega_1 & d_{11} & d_{12} & \cdots & d_{1m} \\ \omega_2 & d_{21} & d_{22} & \cdots & d_{2m} \\ \vdots & \vdots & \vdots & \vdots & \vdots \\ \omega_i & d_{i1} & d_{i2} & d_{ij} & d_{im} \\ \vdots & \vdots & \vdots & \vdots & \vdots \\ \omega_n & d_{n1} & d_{n2} & \cdots & d_{nm} \end{pmatrix} \tag{5-15}$$

将矩阵 $\boldsymbol{D}_3$ 还原成表8-17的形式，计算各方案的评价值：

$$\boldsymbol{D}=\sum d_i \tag{8-16}$$

在 $\boldsymbol{D}$ 组成的集合｛$\boldsymbol{D}$｝中，取其最大者 $\boldsymbol{D}_{\max}$（或 $\boldsymbol{D}_{\min}$），$\boldsymbol{D}_{\max}$（或 $\boldsymbol{D}_{\min}$）所对应的方案即为选取的最优方案。

8.5　工程地质决策方法之四——决策分析法

决策分析法是应用系统科学和决策学的有关理论方法进行工程问题和工程地质问题的一种决策方法。具体说就是应用决策学中风险决策和不确定决策的方法进行工程决策。

8.5.1　风险（概率）型决策

当要对某一工程问题进行决策时，如果已经初步确定了几个不同的方案，同时在采取不同的方案时，又可以预计可能出现的几种状态，并且出现各种状态的概率也是已知或是可以估计的。在这种情况下所进行的决策叫概率型决策。因为在概率基础上进行决策存在一定的风险，所以这种决策也叫风险型决策。

1. 数学期望

数学期望实际上是一个从整体和长远的角度衡量一个系统的特性、功能和行为效果好坏的数量指标。它也是评价决策方案优劣的数量指标。

[定义] 数学期望：离散随机变量 ξ 的一切可能值 x_1 与对应的概率 $P(x_1)$ 的乘积的和叫随机变量（ξ）的数学期望，记作 E_ξ

如果随机变量（ξ）只能取得有限个值

$$x_1,\ x_2,\ \cdots,\ x_n$$

而取得这值的概率分别是

$$P(x_1),P(x_2),\cdots P(x_n)$$

则数学期望为

$$E_\xi = \sum_{i=1}^{n} x_i P(x_i) \tag{8-17}$$

如果随机变量（ξ）可能取得无穷个可数值

$$x_1,\ x_2,\ \cdots,\ x_n,\ \cdots$$

而取得这值的概率分别是

$$P(x_1),\ P(x_2),\ \cdots,\ P(x_n),\ \cdots$$

则数学期望为

$$E_\xi = \sum_{i=1}^{\infty} x_i P(x_i) \tag{8-18}$$

这里假定这个无穷级数是绝对收敛的。

如果随机变量（ξ）是连续的，且分布密度为 $\varphi(x)$，则数学期望为

$$E_\xi = \int_{-\infty}^{\infty} x_i \varphi(x)\,\mathrm{d}x \tag{8-19}$$

2. 最优期望损益值决策准则

对于风险型决策，因为已知各自然状态 S_j 发生的概率 P_j，故当采取某一方案 d_i 时，可算出相应于这一方案的期望损益值如下：

$$E(d_i) = \sum_{i=1}^{m} a_{ij} P_i \quad (i = 1,2,\cdots,m) \tag{8-20}$$

式中，a_{ij} 为 d_i 在自然状态 S_j 发生情况下的损益值。

比较各方案的期望损益值 $E(d_i)$，以最大期望收益值或最小期望损失值相应的方案为选定方案。这一决策准则即最优期望损益值决策准则。

最优期望损益值决策准则是建立在统计基础上的，它可使大量的重复类型的决策问题得到最优平均损益效果。

3. 风险型决策

依据进行决策的几个备选方案 d_i，以及已知方案的自然状态 S_j 及其出现概率 p_j，此时各方案各状态下的损益值为 a_{ij}，据此可以建立一个决策矩阵（表 8-16）。

表 8-16　风险型决策矩阵表

状态	S_1	S_2	…	S_j	…	S_n
概率	$p_1(S_1)$	$p_2(S_2)$	…	$p_j(S_j)$	…	$p_n(S_n)$
d_1	a_{11}	a_{12}	…	a_{1j}	…	a_{1n}
d_2	a_{21}	…	…	a_{2j}	…	a_{2n}
…	…	…	…	…	…	…
d_i	a_{i1}	…	…	a_{ij}	…	a_{in}
…	…	…	…	…	…	…
d_m	a_{m1}	…	…	a_{mj}	…	a_{mn}

根据这个决策矩阵，同时依据最优期望损益值决策准则，风险型决策按如下程序进行：

（1）确定几个比选方案。

（2）确定评价因子（决策判据），如投资、发电量、塌方量等。

（3）确定（或估算）各种状态可能出现的概率。

（4）计算各方案不同状态下的损益值 a_{ij}。

（5）计算各方案在不同状态下的期望值：

$$E(d_i) = \sum a_{ij}p_j$$

式中，$E(d_i)$ 为各方案的期望值；p_j 为各方案出现不同状态时的概率值；a_{ij} 为各方案各种状态下的损益值。

比较各方案期望值 $E_i(d)$ 的大小，选择最大期望值（或最小期望值）所对应的方案，即为选定的方案。

工程中，几种方案的初步确定常常是容易的，如方案 A、方案 B、方案 C 等。但是各方案中可能出现的几种状态常常难以确定。为了简便起见，不妨采用两种简化的方法。一种方法是选取各方案的最大（Max）、中间（Mid）、最小（Min）三种状态（表 8-17），如洞室可能的最大塌方量、中间塌方量和最小塌方量。

表 8-17　风险型决策的三种自然状态（一）

状态	Max	Mid	Min	期望值
概率	p_1	p_2	p_3	$\sum a_{ij}p_i$
方案 A	a_{11}	a_{12}	a_{13}	
方案 B	a_{21}	a_{22}	a_{23}	
方案 C	a_{31}	a_{32}	a_{33}	

另一种方法是选取各方法最不利情况、最可能情况和最有利情况三种状态（表 8-18）：

表 8-18　风险型决策的三种自然状态（二）

状态	最不利情况	最可能情况	最有利情况	期望值
概率	p_1	p_2	p_3	$\sum a_{ij}p_i$
方案 A	a_{11}	a_{12}	a_{13}	
方案 B	a_{21}	a_{22}	a_{23}	
方案 C	a_{31}	a_{32}	a_{33}	

8.5.2　不确定性决策

工程实际中常常无法得知采用不同方案时出现的各种状态到底有多大的可能性，也就是说不能得到各种状态可能出现的概率值。这时上述的风险型决策就变成了不确定性决策。

在不确定性决策中，一般遵循等可能性准则。等可能性准则是 19 世纪的数学家拉普拉斯（Laplace）提出的。他认为：当一个人面对着 n 种自然状态可能发生时，如果没有确切理由说明这一自然状态比那一自然状态有更多的发生机会，那么只能认为它们发生的机会是均等的，即每一种状态发生的概率都是 $1/n$。

在不确定性决策中，可依据乐观准则、悲观准则、折中准则和后悔值准则四种方法对工程地质问题分别进行决策。在不同的情况下，或具有不同观点、不同心理、不同冒险精神的人，可以选用不同的决策准则。

1. 乐观准则

按乐观准则决策时，对客观状态的估计总是乐观的，总是假定客观事物向好的方向发展。决策者不放弃任何一个可能获得最好结果的机会，充满着乐观、冒险的精神。这种准则是如果决策目标是要求效益最大，就先选出每个行动方案在各种自然状态下可能得到的最大效益值。在每个方案的最大效益值中，又必然有一个相对最大的效益值，这个相对最大的效益值对应的行动方案就是最优方案。如果决策目标是要求损失最小，就先选出每个行动方案在各种自然状态下可能受到的最小损失值，在各方案最小损失值中再选择一个最小的值，其所对应的方案就是最优方案。因此乐观准则又叫 MaxMax（或 MinMin）准则。

例如，要研究某段洞室的塌方处理问题，选用该洞段塌方量作为决策判据（a_{ij}）。已初步确定了五种可能的处理方案 d_1、d_2、d_3、d_4、d_5。又知在采取各种处理方案后，依据对地质条件的判断可能出现四种不同的状况：在四种可能的状态下，通过工程地质有关方法计算，可得出各方案各状态下可能出现的洞室塌方量如表 8-19 所示。现在依据乐观决策准则对工程处理方案进行决策。

表 8-19　某工程洞室处理段塌方量（a_{ij}）表　（单位：万 m^3）

方案（d_i）	状态（S_j）			
	S_1	S_2	S_3	S_4
d_1	4	4	6	7
d_2	2	4	6	9

续表

方案（d_i）	状态（S_j）			
	S_1	S_2	S_3	S_4
d_3	5	7	3	5
d_4	3	5	6	8
d_5	3	5	5	5

首先从每个方案中选择出一个最小的塌方量值，再从各个方案的最小塌方量值中，选择出一个最小值。其相应方案即为所选方案。此时，采用的是 MinMin 准则。即

d_1：

$$\min(4, 4, 6, 7) = 4$$

d_2：

$$\min(2, 4, 6, 9) = 2$$

d_3：

$$\min(5, 7, 3, 5) = 3$$

d_4：

$$\min(3, 5, 6, 8) = 3$$

d_5：

$$\min(3, 5, 5, 5) = 3$$

而

$$\min(4, 2, 3, 3, 3) = 2$$

故选方案 d_2。

按乐观准则决策，实际上是瞄准整个效益矩阵中的最大者，这当然不会丧失获得最好结果的机会，但有时不能避免落到最坏的结局。比如例题中，选择了方案 d_2，若自然状态 S_1 发生，则获得最好结果，而若自然状态 S_4 发生，则将落到最坏结局。

2. 悲观准则

按悲观准则决策时，决策者是非常谨慎保守的，他总是从每个方案的最坏情况出发，从各种可能的最坏结果中选择一个相对最好的结果。按这种准则决策，首先要求出每个行动方案在各种自然状态下可能受到的最大损失（或得到的最小效益），然后选择损失最小（或效益最大）的行动方案作为最优方案。所以悲观准则也叫 MinMax 或 MaxMin 准则。

在上述实例中，这时首先要考虑的不是最小塌方量，而是要选取最大塌方量，然后在几个方案最大塌方量中选取一个塌方量较小的方案。

d_1：

$$\max(4, 4, 6, 7) = 7$$

d_2：

$$\max(2, 4, 6, 9) = 9$$

d_3:

$$\max\ (5,\ 7,\ 3,\ 5)\ =7$$

d_4:

$$\max\ (3,\ 5,\ 6,\ 8)\ =8$$

d_5:

$$\max\ (3,\ 5,\ 5,\ 5)\ =5$$

而

$$\min\ (7,\ 9,\ 7,\ 8,\ 5)\ =5$$

故选择方案 d_5。

按悲观准则决策，可能丧失掉获得最好结果的机会，但不管最终哪个自然状态发生，决策者得到的效益值不会少于各方案最小效益值中的最大者，且一般而言，它能避免最坏的结局。

3. 折中准则

所谓折中，即指在乐观准则与悲观准则之间的折中。乐观准则的思想是走好的极端，而悲观准则的思想则是走坏的极端，这两种思想都很难完全与客观实际吻合，为了克服它们的片面性，人们又提出了所谓的折中准则。这种准则是假定客观既不会绝对地向好的方向发展，也不会绝对地向坏的方向发展，而是两种情况的出现都有一定的可能性，而且在不同的情况下，两种可能性之间的比例也是不同的。因此可以根据历史资料或经验估计好坏两种情况所占的比例，然后根据这个比例进行决策，这个比例叫乐观系数。

乐观系数用 α 表示，α 表示乐观的程度，有 $0\leqslant\alpha\leqslant1$。

而 $1-\alpha$ 就是悲观系数，它表示悲观的程度。

当乐观系数 α 取不同值时，选择的方案可能不同。当 α 为 1 时，折中准则即成为乐观准则，而当 α 为 0 时，折中准则成为悲观准则。

$$c_i = \alpha \max_j\{a_{ij}\} + (1-\alpha)\min_j\{a_{ij}\} \quad (i=1,2,3,4,5) \tag{8-21}$$

式中，c_i为损益值。如果 c_i表示的是效益，则 $\max[c_i]$ 对应的方案是最优方案；如果 c_i表示的是损失，则 $\min[c_i]$ 对应的方案是最优方案。

上述实例中，假设乐观系数 $\alpha=0.45$，则悲观系数 $1-\alpha=0.55$。

先求出各个方案 d_i的折中效益值（c_i），根据式（8-21）可得。

d_1:

$$c_1=0.45\times4+0.55\times7=5.65$$

d_2:

$$c_2=0.45\times2+0.55\times9=5.85$$

d_3:

$$c_3=0.45\times3+0.55\times7=5.20$$

d_4:

$$c_4=0.45\times3+0.55\times8=5.75$$

d_5:

$$c_5 = 0.45 \times 3 + 0.55 \times 5 = 4.10$$

再从各个方案的折中效益值中选择一个最小值，其相应方案即为所选方案，即有

$$\min_i \{c_i\} = \min(5.65, 5.85, 5.20, 5.75, 4.10) = 4.10 \tag{8-22}$$

故选择方案 d_5。

4. 后悔值准则

当某一状态可能出现时，决策者必然首先选取效益最大（或损失最小）的方案作为最优方案，如果决策者未能这样做，事后必然后悔。后悔值准则就是把每一自然状态对应的最大效益值视为理想目标，把它与该状态下的其他效益值之差作为未达到目标的后悔值，这样可得到一个后悔矩阵。再把后悔矩阵中每行的最大值求出来，这些最大值中的最小者对应的方案，即为所求的方案。这个准则也叫最小后悔值准则或 Savage 准则。与悲观准则类似，按后悔值准则决策时，决策者也是非常谨慎保守的。

上例中，从表8-19 可知，在状态 S_1 中，最小塌方量为2 万 m^3，这个状态下各方案的后悔值分别为2，0，3，1，1 。相应地也可以求出 S_2，S_3，S_4 状态下的后悔值，并排出后悔矩阵如表8-20 所示。然后再求出各方案的最大后悔值。

表8-20　后悔效益矩阵（b_{ij}）表

方案（d_i）	状态（S_j）				最大后悔值
	S_1	S_2	S_3	S_4	
d_1	2	0	3	2	3
d_2	0	0	3	4	4
d_3	3	3	0	0	3
d_4	1	1	3	3	3
d_5	1	1	2	0	2
Min					2

因为各个方案的最大后悔值中的最小者为2，故选择方案 d_5。

对于不确定问题，采用不同的决策准则做出的决策往往是不同的。为了使决策准确可靠，最好设法了解各自然状态发生的概率，以便将不确定型问题转化为风险型问题。

这四种方法选择了两种方案作为最优方案。选的方案虽然不是完全相同，但都是一些较好的方案，这说明每一种准则都包含着一定的客观真理，都有科学的一面。产生这种结果的原因是各个决策准则都包含着决策者的主观因素，即对各种自然状态的看法。要改进不确定型决策，使得到的结果更为可靠，除了选用其他决策方法外，应加强信息收集工作，尽力使不确定型决策转化为风险型决策。在风险型决策中，又要加强对未来的预测，使风险型决策转化为确定型决策。

8.5.3　方案状态是连续变量时的决策

在实际工程中，某方案可能出现的状态常常不是离散点，而是一个区域内的连续值，

也就是说有无数个状态，因而也就有无数个损益值。一般来说，这种连续值是可以用某一函数表示的。即在某一区间或定义域范围内，存在着一个损益值函数：

$$a=f(x)\quad (x_1 \leqslant x \leqslant x_2) \tag{8-23}$$

式中，a 为工程中各种状态下的损益值，如不同断层宽度下的塌方量；x 为工程中的某一变量，如断层宽度等；x_1、x_2为已知的 x 的定义域，如断层可能宽度的两个边界值。

在选取不同的方案时，损益值函数也不同。根据各种状态出现的概率，可以进行如下的决策分析。

1. 风险型决策

如果可以给出各状态相应出现的概率函数：

$$P_i=p_i(x)\quad (x_1 \leqslant x \leqslant x_2) \tag{8-24}$$

则相应于这一方案的期望损益值为

$$E(d_i)=\int_{x_1}^{x_2} p_i f_i(x)\mathrm{d}x \tag{8-25}$$

在 $E(d_i)$ 所形成的集合中，再选取其最大或最小者（因为工程实际中有时要期望值越大越好，有时要期望值越小越好，所以这里的极值有时取极大值有时取极小值）：

$$E_0=E_{\max/\min}[E(d_i)] \tag{8-26}$$

此时，E_0所对应的方案即为选定的方案。

综上所述，自然状态是连续变量时的概率型决策，步骤如下：

（1）确定状态变量 x，如断层宽度等；

（2）确定损益值与状态变量的函数关系：$a=f(x)$；

（3）确定状态概率函数 $P_i=p_i(x)$，$(x_1 \leqslant x \leqslant x_2)$；

（4）计算各方案的期望值 $E(d_i)$；

（5）比较几个方案期望值 $E(d_i)$ 的大小，期望值最大（或最小）者所对应的方案即为选定的最佳方案。

2. 不确定型决策

当难以判断各状态出现的概率时，利用不确定性决策原理，求出各函数的极值（表 8-21）。

表 8-21　状态为连续变量时的状态函数及其极值

方案	状态函数（$x_1 \leqslant x \leqslant x_2$）	Max/Min
d_1	$a_1=f_1(x)$	$a_{1\max/\min}$
d_2	$a_2=f_2(x)$	$a_{2\max/\min}$
d_3	$a_3=f_3(x)$	$a_{3\max/\min}$
…	…	…

当 $a_1=f_i(x)$ 是线性函数时，极值可能是函数的端点、拐点，当函数是非线性函数时，可以用求导的方法求出函数的极值。

1）乐观准则与悲观准则

应用乐观决策准则或悲观决策准则时，在表8-23中求出的Max/Min值中再求取几个极值集合的极值：

$$a_0 = a_{\max/\min}[a_{1\max/\min}, a_{2\max/\min}, a_{3\max/\min}, \cdots] \tag{8-27}$$

a_0所对应的方案就是最后选定的方案。

具体决策步骤如下：

（1）确定状态变量 x，如断层宽度等；

（2）确定损益值与状态变量的函数关系：$a=f(x)$；

（3）计算各方案损益值极值 $a(\max/\min)$；

（4）几个方案极值 $a(\max/\min)$ 的比较；

（5）选取不同决策准则进行决策，求出最佳方案。

2）折中准则

在连续函数中，应用折中准则进行决策可以采用两种办法：

（1）应用乐观系数公式。

应用与上述相同的方法求出函数在某区间内的极值后，将该极值代入式（8-21）中，得

$$C_i = \alpha \max_j\{a_{ij}\} + (1-\alpha)\min_j\{a_{ij}\} \quad (i=1,2,3,\cdots,5) \tag{8-28}$$

再在各方案 C_i形成的集合 $\{C_i\}$ 中选取最大值（或最小值），该值所对应的方案即为最优方案。

（2）利用连续函数的平均值。

如图8-5，当函数 $a=f_i(x)$ 区间（x_1，x_2）内为连续函数时，函数的平均值为

$$a_{0i} = \frac{1}{x_2 - x_1}\int_{x_1}^{x_2} f_i(x)\,\mathrm{d}x \tag{8-29}$$

a_{0i}即为方案 d_i 的平均损益值。

比较各方案平均损益值的大小，并从中选出最大者（或最小者），该值所对应的方案即为最优方案。

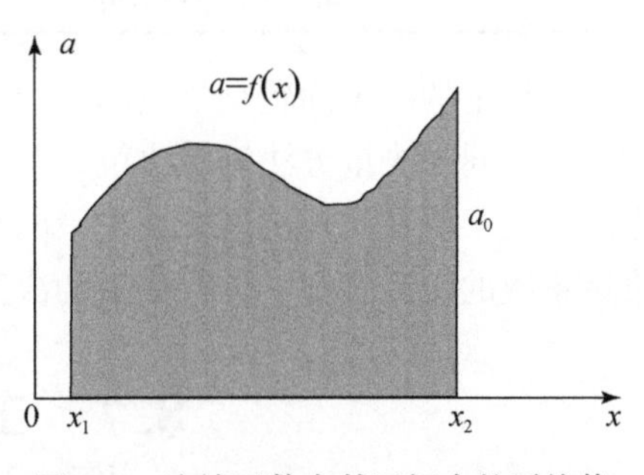

图8-5　连续函数在某区间内的平均值

3）后悔值决策准则

在连续函数中应用后悔值决策准则进行决策，首先求出函数在区间内的极值 $a_{i\max/\min}$，这时可列出一个后悔函数：

$$a_r = f_r(x) = a_{i\max/\min} - f(x) \tag{8-30}$$

式中，a_r 为函数在区间内任一点的后悔值；$f_r(x)$ 为后悔函数；$a_{i\max/\min}$ 为函数在区间内的极值；$f(x)$ 为损益值在区间内的函数。

求得后悔函数后，求出各方案在区间内的最大后悔值 $a_{ri\max}$，再将几个方案中的 $a_{ri\max}$ 值进行比较，选出最小值，此值所对应的方案即为最优方案。

8.6　工程地质决策方法之五——综合决策法

在前面，分别讨论了工程地质决策中的几种主要决策方法。这几种决策方法各有特色，各有优缺点（表8-22）。工程中在不同的条件下，常常可以选用其中的一种或同时选用几种进行工程中的决策。也就是说实际中常常采用的决策方法是几种方法的综合，即综合决策法。

表8-22　各种决策方法的特点及其优劣对比

	决策方法	特点		优点	缺点
1	经验判断法（EJM）	定性为主	要求决策者工程经验丰富。可在无数据和系统条件不甚明了的条件下进行决策	简捷，快速	受决策者主观影响因素较大，易片面
2	工程类比法（EAM）	定性为主	要求有一个至几个相似条件的工程实例	直观。可在资料少的情况下使用	完全相同的工程几乎是没有的。即使是工程条件完全相同，在不同情况下，决策条件也不一定一致，因此决策结果也就不同
3	优劣对比法（ADA）	半定量	需要分析几个方案的同异点、比较项。需要依经验判断评价因子的优劣	简单明了，易于操作	在系统结构复杂、多方案、多因素对比时，有时难于合理把握各因素之间的关系，也常常难于分清谁优谁劣
4	决策分析法（DAM）	定量	需在决策前确定各备选方案可能出现的状态以及各方案在不同状态下的损益值。有时需要事先进行某些数值计算	属定量决策，可在某种程度上避免人为因素的影响	需要在决策前做出大量的地质工作，使决策系统明了化，决策因素定量化，并计算出不同状态下的效益值

工程中的决策问题是复杂的，很难用某个单一的方法或某一简单的计算进行工程的决策。用不同的决策方法进行决策，其决策结果也可能不同。在通过上述一系列的决策分析之后，常常要在几种决策方法决策的结果中进行再一次的分析对比论证，根据工程和整个决策系统的实际状况，进行最后的决策。

8.7　工程地质决策程序

要使做出的决策成为科学决策，就要求决策时科学地进行决策。科学地进行决策是获得科学的决策之前提，科学的决策是科学地进行决策之结果。

要做出科学的决策，一是选用科学的决策方法，二是采用科学的决策程序。实际上从某种意义上说，科学的决策程序往往比决策方法的选取更为重要。科学的决策方法的选取是建立在科学的决策程序基础之上的。因为如果没有按照科学的决策程序进行决策，即使决策方法选用得再好也是枉然。

科学地进行决策包括树立正确的指导思想、分析决策对象的规律性、掌握决策所需要的充足信息、加强科学的预测工作、遵循科学的决策程序、采用科学的决策方法、拟定多种替代方案、定性分析与定量分析相结合、建立合理的决策组织、在决策实施过程中进行信息反馈等。具体内容与方法参见有关文献。

与一般的决策问题相同，工程地质问题的决策程序可以归纳为五个阶段 14 个步骤。

8.7.1　提出问题阶段

1. 发现并提出问题

在工程地质勘察或在工程建设过程中，将出现各种各样的工程地质问题。小到钻孔如何布置、某条断层怎样处理，大到厂房如何布置、选取哪个站址等。在工程中能够敏锐地观察事物、发现问题、分析问题、提出问题并明确地阐述问题是进行决策的第一步。

2. 确定目标

这是决策中极为重要的一个步骤，因为如果目标错了，必然导致决策的错误。在确定决策的目标时，要有长远观点和全局观点，要从战略上考虑系统的总体最优。

对于一个复杂而庞大的系统，目标往往不止一个，这时就必须根据目标在系统中所处的地位，区别主次。同时还要考虑实现某种目标时潜在问题可能产生的不良后果，以便及早采取防范措施。

3. 收集信息

决策的科学性是建立在各种信息资料的完备性和准确性上的。因此，在决策时首先要根据已定的决策对象和决策目标，收集有关信息，并力求信息准确可靠。还要注意收集决策之后的反馈信息和今后问题发展趋势的信息。但应该注意的是，收集信息是要付出代价的，在决策时不能盲目扩大信息的收集范围。

对于工程地质问题的决策，收集信息就是通过收集资料、调查研究、野外测绘、工程勘探、科学试验、分析计算等一系列手段收集工程地质资料，搞清与决策问题有关的各种工程地质条件。

8.7.2　系统分析阶段

1. 明确约束条件

实现任何一项方案往往都会遇到许多限制，系统的优化只能在环境许可的条件下去实现。所以辨别并确定决策对象的约束条件，也是决策程序中的一个重要环节。例如，水库大坝坝高的确定，就会受到自然水资源、电网对电站装机需求、科学技术水平、自然地理地质环境、库区淹没与移民、环境保护、工程造价、政治因素、民族风俗习惯等问题的限制。

2. 进行决策系统分析

首先是建立系统，搞清决策问题的系统结构，确定影响决策结果的各种因素，各因素的相互关系，以及各因素对决策结果的影响程度等。

在进行系统分析时，一个重要的问题是不要丢失或者忽略某些影响因素。即使初期可能认为某一因素对决策结果影响不大，但只要有一点关系就要先将此因素列入。有些因素在初期分析可能认为并不重要，但经过深入分析其可能是一个重要的因素。也有可能初期分析的某一因素与决策结果并无直接关系，但它可能是对另一决策因素影响强烈。

在进行系统分析时，如果可能，应尽可能地将决策因素间的关系用数学函数表示出来，以使决策定量化。系统分析是大型复杂决策问题的基础，只有做好这一步工作，才能使我们理清思路，搞清问题，才能使后面的决策不出现大的偏差与失误。

3. 决策系统的简化

在建立了系统结构以后，一般来说系统都是比较复杂的。系统分析越详细彻底，这种系统也可能越复杂。复杂的系统要进行决策是困难的。这时就要进行系统的简化。对系统定目标、定判据、定层序、定范围、定时间、定线性。影响因素的敏感性分析也可以使系统简化（李广诚，2006）。

8.7.3　决策准备阶段

1. 确定决策判据

要决策，就要进行比较；要比较，就要确定比什么。这种不同方案中共同拥有且可进行比较的因素（因子）就是决策判据。工程实际中决策判据常常不止一个，有时是多判据决策，如断裂发育程度、水文地质条件、工程造价等。

2. 确定工程地质基本条件与基本数据

要进行工程地质决策，搞清工程地质基本条件至关重要。实际上这一工作大部分要在信息收集中完成。但对某些决策问题来说，在进行了系统简化以后，某些决策因素或决策关系要进行定量的描述。同时定量决策法（如决策分析法）也必须在决策之前依据地质实际情况，做好某些计算。如计算洞室塌方量、工程造价等。

工程地质决策是以工程地质条件分析计算为基础的。离开了工程地质基本条件的分析，仅采用某些数学上的计算方法，这样的决策就成了无本之木，决策结果也肯定不会是科学合理的。

3. 建立决策比较系统

决策中一个重要的环节就是要分析评价各种行动方案的价值，要根据各种行动方案所创造的价值（或付出的代价）的变化规律，建立起价值（或代价）函数，以便利用某些合适的判别准则选择价值最大（或代价最小）的方案。工程实际中的比较系统，价值不一定是货币量，断裂发育程度、水文地质条件等都可以作为比较系统的“价值”。

8.7.4 进行决策阶段

1. 制订各种方案

现代科学的决策特别强调制订多种备选方案，这样的好处如下：

(1) 备选方案多，选择面大，有利于获得理想的方案。

(2) 备选方案多可以在比较中权衡利害得失，同时还可以把缺点较多的方案中那些可取的部分吸收过来，补充到优点较多的方案中去，使这个方案进一步优化。

(3) 备选方案多，有利于加速统一的过程。让持不同意见的人都按照自己的想法提出一个完整的方案，并列出所提方案的优点，通过比较，很快就能综合出一个较好的方案。

2. 对各种方案进行可行性分析

所谓“可行性”是指能做到或能实现的可能性。首先是技术上的可行性分析，弄清楚该方案在技术上是不是能够做到。其次是经济上是否合理可行。

3. 决策方法的选择

进行工程决策有各种各样的方法，本书中将工程决策归纳为经验判断法、工程类比法、优劣对比法、决策分析法、综合决策法等。工程决策中根据决策问题的特点，应该分析判断哪种决策方法最适于本决策问题。可以选择一种决策方法，也可以同时选用几种决策方法互相印证。

4. 决策——选择最优方案

这一阶段主要是决策者应用各种决策方法，从备选方案中选择一个最优方案。方案的最优不仅仅是某一目标的最优，而应是所有目标综合最优。

8.7.5 决策反馈阶段

决策反馈是指决策在执行中和执行后的信息反馈。尽管决策者在选择最优方案时进行了各种考虑，但有时也难免有不周密之处，加上客观环境也是不断变化的，所以必须将执行过程中出现的问题及时反馈给决策机构，并对原决策进行必要的调整和修改。

工程地质决策程序如图 8-6 所示。

上述这种决策程序可以称为决策的 FAPDF 程序。

应该指出的是，在上述决策步骤中，并不是在每一项决策都要严格遵循这些步骤。这些步骤应该说是针对最复杂的决策系统设计制定的。在实际决策中，应该视决策问题的特征尤其是决策问题的大小，简略某些步骤。

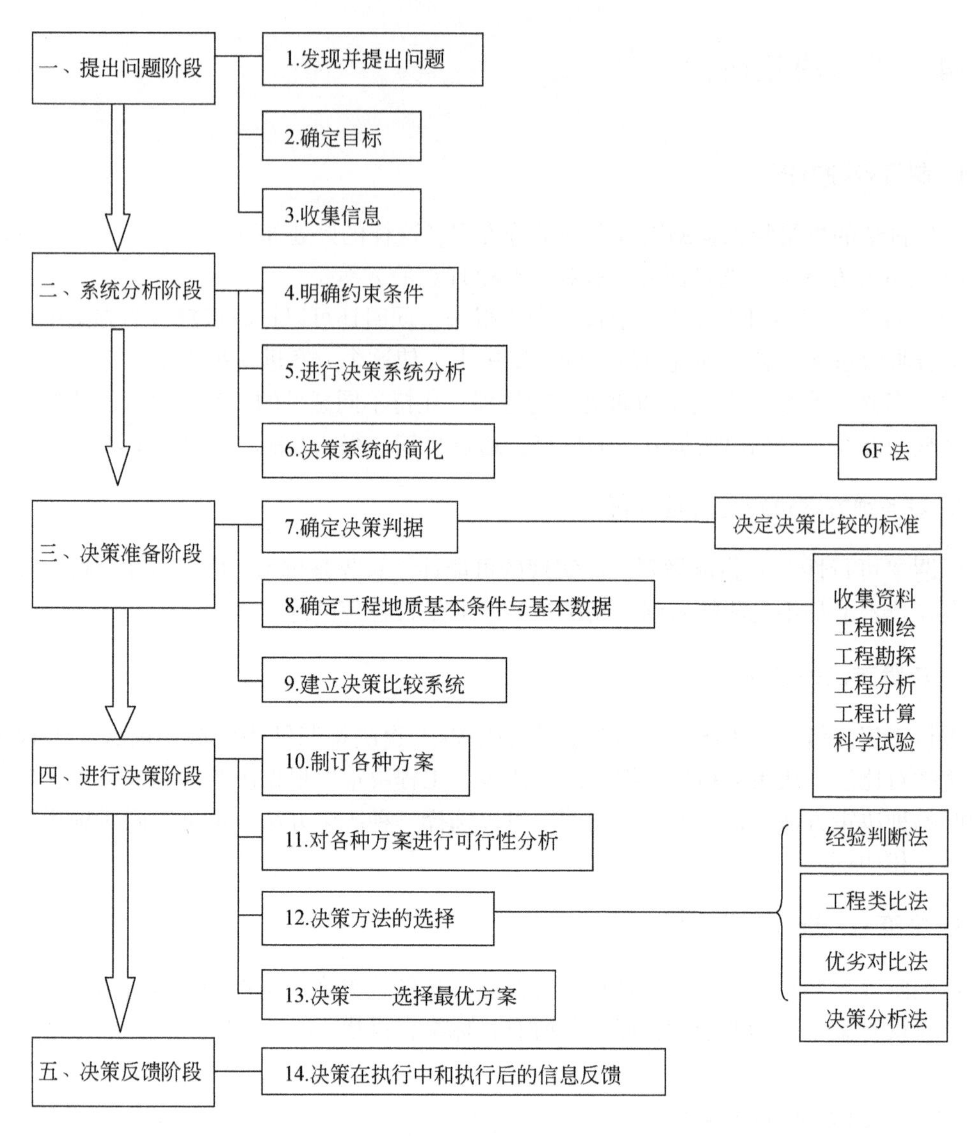

图 8-6　工程地质决策（FAPDF）程序图

第9章 工程地质学未来发展方向及待研究的问题

工程地质学作为一个独立的学科不足百年的历史。1929年奥地利太沙基出版了世界上第一部《工程地质学》，以后陆续有各种版本的工程地质学和相关专著出版，工程地质学的研究也越来越深入，并逐步产生了更细的分支。我国的工程地质研究基本是在20世纪50年代初开始的。但是近一二十年来，随着中国工程建设的蓬勃发展，与其相伴的工程地质研究也得到了迅猛发展，成果丰富。

但是工程地质学未来应向什么方向发展？应该研究哪些问题？如何研究这些问题？这一直是工程地质学界热议的问题。

9.1 工程地质学的发展方向

总体来说，工程地质学未来的发展方向可以概括为三个方面：特殊工程地质问题的解决、定量化和智能化、工程地质理论体系的研究。

9.1.1 特殊工程及其工程地质问题的研究

工程地质学作为一门应用性科学，在传统的土木工程建设中也做过诸多的研究并取得了丰富的经验与成果。但是随着社会经济的发展，土木工程的建设也向着更大更深更广更难的方向发展，因而也随之带来了新的工程地质问题需要解决。这些问题主要包括大型地下洞室的开挖与利用、城市地下空间工程地质、深埋长隧洞工程地质、高寒地区工程地质、海洋工程地质、环境工程地质等。这些问题可以开列许多，而且不同领域不同的专家学者可以开列出不同的问题。

9.1.2 定量研究与智能化

随着计算机技术的发展，整个人类社会将进入数字化与智能化时代。未来工程地质问题的研究和解决也不可能脱离这一大趋势。

但是长期以来，由于工程地质问题的复杂性，实际工程中的工程地质问题的分析评价及最后的解决常常还是定性的，顶多是半定量的。在工程地质勘察报告中常常出现“初步了解”“基本查明”“详细勘察”等模糊字眼。这给工程设计带来了很大的困惑。

未来的工程地质研究应逐步解决以下几个问题。

1. 数字化及数据库

将工程中所有与工程地质相关的信息数据化，并建立数据库，建立各种条件下的检索方式及自动分析评价体系，以便于其他工程参考使用。

在所实施的工程中同样建立上述数据库，并将其数据与上述数据库进行对比分析，从而对该工程的工程地质条件和工程地质问题做出分析评价。

2. 定量化

不仅将前述的各种工程地质信息数据化，同时堆砌分析评价也要数据化。由于工程地质问题的复杂性和不确定性，我们几乎对任何一个问题都很难得出一个100%肯定的结论。但是，即使是不确定的结论我们也要采用概率的方法给出这种不确定性的概率是多少，如某一问题基本查明的概率是70%或90%。这就像天气预报曾经播报降水概率一样。降水概率对普通百姓而言过于专业化了，但地质概率的应用面对的是专业技术人员，所以采用此法完全没有问题。这样就避免甚至逐步杜绝了“初步了解”“基本查明”“详细勘察”这些模糊概念。

3. 数字模拟与数学模型

在工程地质数字化的基础上，将工程地质体—工程地质条件—工程地质问题进行数字模拟，并依此建立数学模型和可视化三维地质体模型。在三维地质体模型中可以在任何位置、任何方向切剖面，并在任意剖面图上做相应工程地质和水文地质计算。

4. 智能化

在实现工程地质数字化并建立数学模型之后，可逐步建立智能化的工程地质分析评价体系。系统中可自动计算并给出工程设计所需要的各种数据，自动追索最不利位置如最不稳定滑动面等，自动给出一个或几个可供选择的工程处理方案。

另外，只有在工程地质实际工作中实现了数字化和智能化，才能极大地提高工作效率，使工程地质问题的分析评价快速准确。

9.1.3　理论体系的研究

工程地质学是从地质学中派生发展出的一个学科，同时也因为其实践性较强，所以长期以来工程地质的研究常常侧重于解决实际工程地质问题，而缺乏系统的理论研究，更没有形成一套完整的公认的理论体系。但是要使工程地质作为一门独立的学科更好地发展下去，特别是把它上升到工程地质学的高度上，建立自己的理论体系是十分必要的。将工程地质学系统化、理论化，使工程地质学上一个新高度。

9.2　工程地质评价研究目前存在的问题

工程地质分析评价是工程地质勘察中的关键环节，多年来有多人在这一课题做过研究与探索，但从目前状况看工程地质评价问题的研究存在以下几个方面的问题。

9.2.1　系统性问题

工程地质评价对象包括工程的各个方面。以水利水电工程为例，有区域构造稳定性评价、库岸稳定性评价、坝基岩体质量评价、洞室围岩稳定性评价、岩溶渗漏评价、岩质高边坡稳定性评价等。从工程地质评价对象的大小看，包括总体评价、单体评价、局部评价等。从评价的结果看包括可行性评价、优劣评价等。但工程地质评价目前缺少系统的研究，缺少总体全面评价的研究，各方面研究发展不平衡。而大多数研究者注重于个体问题的研究，如研究最多最深入的可能是边坡稳定的评价，对于边坡稳定性的评价方法、计算方法、评判标准不胜枚举。

当然个体问题的研究是必需的，是系统研究的基础。但是，当个体问题研究到一定程度或足够多时，就应进行或加强系统问题的研究，以使各方面的研究均衡发展，同时避免出现某些矛盾。

应由勘察—设计—教学—科研单位专家共同组成专家组，对工程地质评价的研究进行规划，提出研究方向，并对课题的研究进行组织协调。以此解决高层次问题、分散性问题、系统性问题。

9.2.2　基础性问题

目前工程地质评价多偏重高精尖问题的研究，引入一些高深的理论与方法，而基础性问题研究不够，工程实际中常用的基本问题到目前不能得到很好的解决。例如，工程地质勘察深度常使用查明、基本查明、调查、了解、初步了解等字词，但各种勘察深度实际上是一个模糊的概念。再如工程地质条件复杂程度评价常用简单、复杂、很复杂等字词，也无人能说出到底什么程度就为复杂了。同样工程地质评价最基本的结论常用良好、较好、较差、差等字词，但各级之间也都是定性的概念，此问题与彼问题之间、此工程与彼工程之间标准差异很大。

应以勘察设计单位为基础，科研教学单位与勘察设计单位密切协作，了解勘察设计单位最为基础、最为急需解决的问题，发挥教学科研单位数理基础好、计算机水平高的优势，加强基本工程地质评价问题的研究。

9.2.3　层次性问题

研究者在研究某一工程地质问题时站的位置（层次）偏低。科研教学单位易钻入某一具体问题的研究，缺少对工程地质条件或工程地质问题的宏观把握。勘测设计单位停留于具体问题的处理，缺少基本评价方法的研究，缺少理论高度的思维与概括。

9.2.4　目的性问题

部分研究人员，特别是科研单位年轻的研究者，一方面具有深厚的数理基础，了解国内外最流行的数理理论、方法；另一方面缺少工程实际经历。他们的研究成果也可能仅仅是为了完成学位论文，也可能是为了盲目地追求创新。因此他们的研究成果看起来很现代、很前卫，但却不能很好地或不便于解决工程实际问题，造成理论与实际的脱离。

应有计划地组织科研单位年轻的研究者，尽量多地参加生产实践，使他们了解实际工程建设中的工程地质问题、工程问题，明确研究目的，利用他们雄厚的理论知识，更好地为工程实际服务。

9.2.5　可操作性问题

某些评价方法可操作性差，特别表现为计算机化不够。应在复杂工程地质条件的基础上，尽量建立简便实用的数学模型及评价方法，编制大小不同、实用有效、界面友好、便于操作的计算机程序，实现工程地质评价的快速化、定量化和智能化。同时建立多类型的数据库，供工程地质评价使用。

应以大专院校和科研单位为主，加强工程地质评价方法计算机化的研究，使工程地质评价快速、简单、准确。

9.2.6　分散性问题

工程地质评价问题的研究目前处于分散状态，是在无组织无序的状态下进行。很多人很多单位都在不同程度地进行相近课题的研究，但相互之间缺少沟通，造成了人力、财力资源的浪费，不能够集中兵力、发挥各自优势，限制了课题研究的速度与水平。例如，边坡稳定计算与评价、三维地质模型的建立以及各种工程地质数据库的建立，都有多人多单位在进行。

目前工程地质应用软件多如牛毛，有些软件评价内容相似，但各软件之间孰优孰劣尚无评判。这一方面给开发者造成了资源的浪费；另一方面给使用者也造成了混乱。例如，前面述及的三维地质模型软件、边坡稳定性数值分析及其评价软件、工程地质数据库等都有几种、十几种甚至更多。因此建议由工程地质专委会或其他权威单位牵头，组织工程地质应用软件评比大会，优化评比并推荐软件，这对研制单位、行业都有益处。

9.2.7　统一性与规范性问题

由于工程地质评价问题的研究缺少组织性，各研究单位或研究人员各行其是，从而使研究成果五花八门，缺少统一性和规范性。

应由工程地质专委会或其他权威单位牵头，不定期地组织小规模的工程地质评价问题讨论会，介绍不同工程地质评价方法的交流会议，统一对某一工程地质问题的评价方法，并使其方法逐步规范化。

9.3 耦合理论下一步应研究的问题

本书一个重要的内容是提出了工程地质耦合理论。耦合理论在工程地质学界被大家所认识、所接受还需要一个很长的时间。其在实际工作中的具体应用方法目前还很不完善，还难于进行定量的操作，还需要做进一步的研究。但是，可以这样说，应用方法固然是理论应用于实践的有效手段，但耦合理论的基本思想比具体操作方法也许更为重要。也就是说，在实际工程中，作为一个工程地质工作人员，首先要有一个耦合的思想，即在查明工程区工程地质条件的基础上，努力将工程系统与工程地质系统进行最佳的耦合。

从另一个角度讲，由于工程地质条件的多样性、复杂性，工程技术人员也不必追求工程地质问题的处理像数学计算那样准确、定量。实际上，也不可能存在一个仅通过数学计算就可解决工程地质问题的方法。

耦合理论是工程地质学的一个新理论，其目前还极不成熟完善。对于这一理论下一步应重点进行以下几个问题的研究：①各种类型的地质问题耦合模型研究；②耦合理论图示模型和数学模型的研究；③耦合理论在实际工程中的应用方法的研究，包括工程系统与工程地质系统中各项评价指标确定方法的研究；④工程系统与自然系统耦合方法研究；⑤应用耦合理论解决工程实际问题的计算机应用程序的开发等。

参考文献

陈家珍．1990. 浅谈水利水电工程地质勘察采用工程地质类比的准则．水利水电技术，(7)：34-36.
陈可一．1987. 水利工程建设排序的最优决策．广东水电科技，(1)：1-6.
陈守煜，周惠成．1991. 多阶段多目标系统的模糊优化决策理论与模型．水电能源科学，9(1)：9-17.
陈铤．1987. 决策分析．北京：科学出版社．
崔政权．1992. 系统工程地质导论．北京：水利电力出版社.
戴福初，李军，张晓晖．2000. 城市建设用地与地质环境协调性评价的 GIS 方法及其应用．地球科学：中国地质大学学报，25(2)：210-214.
防务系统管理学院．1992. 系统工程管理指南．北京：宇航出版社.
冯夏庭，王泳嘉，林韵梅．1997. 地下工程力学综合集成智能分析的理论和方法．岩土工程学报，19(1)：30-36.
谷德振．1979. 岩体工程地质力学基础．北京：科学出版社．
顾宝和．2004. 工程地质与岩土工程．工程地质学报，12(4)：343-345.
郭映忠．1997.《工程地质分析原理》教学改革//韦港．工程地质——面向 21 世纪．北京：中国地质大学出版社：908-912.
韩志诚．1996. 十三陵抽水蓄能电站几个主要工程地质问题及其处理．水力发电，(2)：18-20，32.
韩志诚．1998. 十三陵抽水蓄能电站上池工程地质问题及处理措施//《中国水力发电年鉴》编辑部．中国水力发电年鉴，第五卷．北京：中国电力出版社：336-337.
胡海涛，刘传正，王连捷，等．1995. 北京十三陵抽水蓄能电站施工期中工程地质问题．水文地质工程地质，(5)：1-6.
胡玉成．1996. 十三陵抽水蓄能电站地下厂房区初始地应力研究．水力发电，(9)：1-6.
华东水利学院．1984. 水工设计手册，第二卷，地质 水文 建筑材料．北京：水利电力出版社．
黄润秋．1997. 现代系统科学理论与工程地质系统观．水文地质工程地质，(1)：1-6.
黄润秋，等．2009. 汶川地震地质灾害研究．北京：科学出版社．
黄玉珩．1986. 系统可靠性实用方法计算．北京：科学出版社．
贾洪彪．1997. 巫山县秀峰古滑坡形成机制探讨及稳定性敏感因素分析//韦港．工程地质——面向 21 世纪．北京：中国地质大学出版社：728-732.
金德濂．2004. 水利水电工程地质问题泛论．长沙：湖南科学技术出版社．
金家鳞．1990. 决策分析在水利水电工程中的应用．四川水力发电，(2)：74-79.
李广诚．1990. 伊拉克底比斯坝产生溃坝原因的地质灾害分析．地质灾害与防治，1(3)：66-69.
李广诚．1997. 十三陵蓄能电站下库河床粘土层渗透特征及其成因模式研究．工程地质学报，5(2)：112-117.
李广诚．1999. 抽水蓄能电站工程地质决策方法研究及其在北京十三陵工程地下厂房位置选择中的应用．北京：中国科学院地质与地球物理研究所博士研究生论文．
李广诚．2001. 工程地质学耦合理论初步研究．工程地质学报，9(4)：435-442.
李广诚．2003. 黄壁庄水库副坝防渗墙施工地面塌陷原因分析．水利水电技术监督，(2)：43-47.
李广诚．2004a. 工程地质理论与理论体系探讨．工程地质学报，12(增刊)：553-559.

李广诚．2004b. 工程地质综合评价//王思敬，黄鼎成．中国工程地质世纪成就．北京：地质出版社：438-452.
李广诚．2004c. 南水北调工程概况及其主要工程地质问题．工程地质学报，12(4)：354-360.
李广诚．2004d. 南水地调西线隧洞工程地质勘察评价方法的思考与建议．水利规划与设计，(4)：37-42
李广诚．2006. 城市工程与地质评价研究现状与展望．工程地质学报，14(6)：734-738.
李广诚．2020. 安固如磐——工程地质章回谈．北京：中国水利水电出版社．
李广诚，韩志诚．2000. 北京十三陵抽水蓄能电站中的主要工程地质问题研究．工程地质学报，146：147-155.
李广诚，米应中．2004. 抽水蓄能电站工程地质综合研究//王思敬，黄鼎成．中国工程地质世纪成就．北京：地质出版社：498-504.
李广诚，司富安．2002. 南水北调工程地质问题分析研究论文集．北京：中国水利水电出版社．
李广诚，王思敬．1999. 十三陵抽水蓄能电站地下厂房位置的选择．工程地质学报，7(2)：99-104.
李广诚，王思敬．2000. 浅论工程地质决策理论与方法．工程地质学报，8(增刊)：611-616.
李广诚，王思敬．2006. 工程地质决策概论．北京：科学出版社．
李广诚，韩志诚，贾煜星．2001. 抽水蓄能电站工程地质问题分析研究．北京：地震出版社．
李广诚，司富安，杜忠信，等．2003. 堤防工程地质勘察与评价．北京：中国水利水电出版社．
李广诚，司富安，白晓民，等．2005. 中国堤防工程地质．北京：中国水利水电出版社．
李怀祖．1993. 决策理论导引．北京：机械工业出版社．
李世辉．1991. 隧道围岩稳定系统分析．北京：中国铁道出版社．
李兴唐，许兵，黄鼎成，等．1987. 区域地壳稳定性研究理论与方法．北京：地质出版社．
刘连希．1996. 十三陵抽水蓄能电站枢纽布置及其有关的技术问题//中国水力发电工程学会．抽水蓄能电站建设学术交流会．
罗高荣，荣丰涛．1992. 多重决策标准的水电工程经济评价风险分析研究．水力发电学报，39(4)：33-38.
罗国煜．1993. 中国工程地质的发展与展望．水文地质工程地质，(2)：8-10.
罗绍基．1998. 抽水蓄能电站的经济评价//《中国水力发电年鉴》编辑部．中国水力发电年鉴，第五卷．北京：中国电力出版社：263-265.
米应中，李广诚．1994. 地下洞室围岩检验//林宗元．岩土工程试验检测手册．沈阳：辽宁科学技术出版社：1329-1338.
能源部水利部水利水电规划设计总院．1993. 水利水电工程勘察设计专业综述．成都：电子科技大学出版社．
潘家铮，何璟．2000. 中国大坝50年．北京：中国水利水电出版社：237-286.
钱正英．1990. 中国水利决策的展望．甘肃水利水电技术，(2)：1.
清华大学《运筹学》教材编写组．1990. 运筹学．北京：清华大学出版社．
邱彬如．1994. 抽水蓄能电站站址选择探讨//93抽水蓄能技术经济研讨会文集．天津：天津科学技术出版社．
饶正富．1991. 递阶多准则决策分析方法．水电能源科学，(2)．
山本眺万，马积薪．1993. 大型地下洞室设计现状分析及考察．隧道译丛，7：34-40.
水利电力部水利水电规划设计院．1985. 水利水电工程地质手册．北京：水利电力出版社．
宋彦刚，邓良胜，王昆，等．2009. 紫坪铺水库大坝震损及应急修复综述．四川水利发电，28(2)：8-14.
苏生瑞，等．1997. 论区域稳定性工程地质评价中的系统论方法//韦港．工程地质——面向21世纪．北京：中国地质大学出版社：25-28.
苏松基．1988. 系统工程与数学方法．北京：机械工业出版社．

孙广忠．1996. 地质工程理论与实践．北京：地震出版社．
唐文华．1994. 海河流域抽水蓄能电站选点初步总结．水力发电学报，(2)：1-8.
唐志超．1999. 现代汉语实用词典．延吉：延边人民出版社．
涂希贤，张辅纲．1993. 广蓄电站库址及地下厂房洞室群位置选择．水力发电，(7)：17-21，62.
万海斌．1991. 从施工条件谈十三陵抽水蓄能电站地下厂房的位置调整优化．施工组织设计，(3)：9.
汪易森．1998. 天荒坪抽水蓄能电站地下洞室岩体稳定性研究及其处理措施//《中国水力发电年鉴》编辑部．中国水力发电年鉴，第五卷．北京：中国电力出版社：325-326.
汪应洛．1996. 系统工程．北京：机械工业出版社．
王登瀛．1991. 多目标决策方案选优的优异度法．人民长江，22(3)：32-35.
王思敬．1984. 工程地质力学研究的进展和方向//中国科学院地质研究所．岩体工程地质力学问题（五）. 北京：科学出版社．
王思敬．1991. 工程地质学新进展．北京：北京科学技术出版社．
王思敬，黄鼎成．2004. 中国工程地质世纪成就．北京：地质出版社：447，450，451.
王思敬，杨志法．1987. 地下工程的岩体工程地质力学研究//中国科学院地质研究所．岩体工程地质力学问题（八）．北京：科学出版社．
王思敬，杨志法，刘竹华．1984. 地下工程岩体稳定分析．北京：科学出版社．
王志强，李广诚．2020. 中国长距离调水工程地质问题综述．工程地质学报，28(2)：412-420.
吴秋明，金琼．1988. 多目标决策中权重法问题探讨．水利经济，(1)：46-48.
肖振荣．1991. 决策论比较矩阵法在水利水电工程中的运用．人民珠江，(6)：7-9.
谢树庸．1994. 东风水电站的工程地质评价及初步检验．水力发电，(12)：23-27.
杨计申．1994. 加强工程地质勘察工作为宏观决策当好参谋．水利水电工程，(2)：1-3，38.
杨士尧．1986. 系统工程导论．北京：农业出版社．
杨志法，等．1996. 地下工程//林宗元．岩土工程勘察设计手册．沈阳：辽宁科学技术出版社：1140-1159.
杨志法，王思敬，冯紫良，等．2002. 岩土工程反分析原理及应用．北京：地震出版社．
臧军昌．1983. 高水头抽水蓄能电站规划选点中的工程地质问题．水利水电技术，(9)：37-44.
翟国寿，候汉章．1994. 华北地区抽水蓄能电站开发优势及前景展望//中国水力发电工程学会．'93 抽水蓄能技术经济研讨会文集．天津：天津科学技术出版社．
张德藩．1992. 北川县城区山地灾害成因及防治对策．水利水电技术报导，4(1)：22-28.
张克诚．1981. 选择抽水蓄能电站站址条件和工程实例．水力发电，(3)：45-48.
张克诚．1994. 抽水蓄能电站规划选点的若干问题//中国水力发电工程学会．'93 抽水蓄能技术经济研讨会文集．天津：天津科学技术出版社．
张莹．1995. 运筹学基础．北京：清华大学出版社．
张勇传，李福生，黄益芬．1990. 多阶段决策问题 POA 算法收敛于最优解问题．水电能源科学，(1)：44-48.
张玉新，冯尚友．1986. 多维决策的多目标动态规划及其应用．水利学报，(7)：3-12.
张倬元，王士天，王兰生，等．2009. 工程地质分析原理．北京：地质出版社．
赵毓昆．1998. 1995～1997 全国抽水蓄能电站发展情况综述//《中国水力发电年鉴》编辑部．中国水力发电年鉴，第五卷．北京：中国电力出版社：68-70.
中国地质学会工程地质专业委员会．2004. 中国工程地质世纪成就．北京：地质出版社．
中国工程院．2010. 三峡工程阶段性评估报告．北京：中国水利水电出版社．
中国科协科技干部进修学院，中央电视台电教部．1986. 决策科学化．北京：科学普及出版社．

中国社会科学院研究所词典编辑室．2001. 现代汉语词典（修订本）．北京：商务印书馆．

中华人民共和国水利电力部科学研究所，中国科学院地质研究所．1974. 水利水电工程地质．北京：科学出版社．

中华人民共和国住房和城乡建设部，中华人民共和国国家质量监督检验检疫总局．2008. 水利水电工程地质勘察规范（GB 50487—2008）．北京：中国计划出版社．

中华人民共和国住房和城乡建设部，中华人民共和国国家质量监督检验检疫总局．2010. 建筑抗震设计规范（GB 50011—2010）．北京：中国建筑工业出版社．

朱成章．1994. 关于抽水蓄能电站的优选//中国水力发电工程学会．'93 抽水蓄能技术经济研讨会文集．天津：天津科学技术出版社．

左鸿恕．1988. 怎样求得最佳规划决策．上海：上海科学技术出版社．

Bhasin R, Grimstad E. 1996. The use of stress-strench relationship in the assessment of tunnel stability. Tunneling and Underground Space Technology, (11): 93-98.

Bulychev N S, Fotyeva N N, Petrenko A K, et al. 1982. Analytical stability investigations of rock surrounding the working for hydraulic pumped-storage power plants. Rock Mechanics: Caverns and Pressure Shafts, (1): 177-182.

George S K Jr, Link R F. 1978. Statistical Analysis of Geological Data. New York: Wiley.

Li G C. 2000a. General development and engineering geological characteristics for pumped storage power station in China. In: Baxendale J (ed). Hydro Vision 2000. New York: HCI Publication.

Li G C. 2000b. Retrospective case example using a comprehensive suitability index (CSI) for siting the Shisanling power station, China. International Journal of Rock Mechanics and mining Sciences, 37: 839-853.

Li G C. 2002. The characteristics of engineering geological problems and the model of engineering geological system of pumped storage power station. International Conference of Engineering Geology.

Li G C, Han Z C. 2004. Principal engineering geological problems in the Shisanling Pumped Storage Power Station, China. International Journal of Engineering Geology, 76: 165-176.

Shang Y J, Wang S J, Li G C. 2000. Retrospective case example using a comprehensive suitability index (CSI) for siting the Shisanling power station, China. International Journal of Rock Mechanics and Mining Sciences, 37: 839-853.

Takasegawa S. 1989. Pumped Storage Power Station 9 Years of Operating and Maintaining Experience. In: Proceedings of International Symposium on Large Hydraulic Machinery and Associated Equipment.

Yan F Z, Li G C. 2004. The uplift mechanism of the rock masses around the Jiangya dam after reservoir inundation, China. International Journal of Engineering Geology, 76: 141-154.

Yufin S A, Titkov V I, Shvachko I R, et al. 1984. Stability prediction and evaluation for the system of large-span caverns of underground power plants. Rock Mechanics: Caverns and Pressure Shafts, (3): 1217-1227.

Zhu J M, Xiao Z Z. 1982. The method of evaluation for the stability of the karst caverns. Rock Mechanics: Caverns and Pressure Shafts, (1): 519-528.

后　　记

2019 年 4 月完成《安固如磐——工程地质章回谈》一书的撰写，并于 2020 年 11 月由中国水利水电出版社出版。在完成该书之前就曾声称，这将是我撰写的有关工程地质专业的最后一本著作，可称封笔之作，甚至曾想称其为绝笔。但是在该书将要完稿之际，在计算机内翻看以前的地质资料，竟发现我曾经有过写一本《工程地质分析评价理论方法》的想法，不仅列了提纲，也已经准备了很多材料，甚至已经撰写了相当数量的文字，多年忙乱之中，我竟把此事忘得一干二净。再细查以前自己写的一些关于工程地质的一些成文或不成文的材料，发现写的字数不少，内容颇多，当时的一些观点或想法现在我倒有点称奇的感觉——我当年怎么会有如此奇特的想法。是否完成这本《工程地质分析评价理论方法》，还真让我犯了犹豫。若对这些资料不做整理，弃于计算机之中，这些东西就永远不会再见天日了，直到某天和我一起消失在这个世界上。但要把这些资料整理起来却也要花费不小的功夫，也可以说又是一项大工程。翻看此书提纲，书中有些内容与我 2006 年由科学出版社出版的《工程地质决策概论》在内容上有些重复，所以是否有必要完成此书？曾将这种矛盾的心理在自己朋友圈里透露，有不少业界同行和朋友就鼓励我把这本书写出来。犹豫再三，最后下定决心用一年时间把这本书整理出来，它可以作为我退休前完成的最后一本著作，也可视作《工程地质决策概论》的姊妹篇。

2020 年初新冠肺炎疫情暴发，春节过后先是延迟上班，接着因我从外地回京又被隔离 14 天，正式上班后相当一段时间也是公事稀少，有些闲暇。在此情况下，我将计算机中有关《工程地质分析评价理论方法》资料悉数调出，并进行整理归纳，其进度比想象的要快许多，此书很快就有了雏形。

几乎可以这样说，这本书中的内容多为探索性质的，或者说是自己一些粗浅的想法，极不成熟，有些甚至是错误的。我只想让此书起一个抛砖引玉的作用，引起同行的批评，正确的东西也就慢慢显露出来了，工程地质学的某一方面也许就此会向前迈进一步。

因时间和精力所限，书中的有些内容没有展开写，甚至只是把原始资料堆砌在那了，因此各章节内容阐述方式也不尽一致，详略不一。加之时间久远，资料遗失，当年写的东西有些已记不清当时是怎么想的了。但这些零散的想法在书中还是作为线索保留下来，对此感兴趣的同仁也许能从这些“碎砖烂瓦”中感悟点什么，或引起某些启发，把某些问题能够继续深入地研究下去。

在整理此书的过程中，也时时有“自我感觉良好”的境况，觉得这本书中的部分内容还是具有一定的水准和一定的价值的。甚至感觉我过去写过的几本著作，包括刚刚出版不久且受到诸多好评的《安固如磐——工程地质章回谈》也都过于肤浅了，不是一个档次的了。

有时想，本书也许是一本秘籍，期待某一天出现某一个人，他除去热爱工程地质工作，具有肯于钻研、善于钻研之科学精神外，还要具备三个条件：十年以上实际工作经历，博士学位，拥有一个团队。他也许可以此秘籍为起点，为线索，打开工程地质学一扇新的大门，使工程地质学的研究与发展进入一个新的领域。敝帚自珍，王婆卖瓜，让业内各位同行见笑了。

李广诚

2020年8月于北京六铺炕